21世纪高等学校计算机教育实用规划教材

C语言程序设计
实验指导及课程设计

李 娅 龙建武 何 进 肖朝晖 主编

U0293290

清华大学出版社
北京

内 容 简 介

本书包括 4 个部分:第 1 部分 C 语言实验指导,共包括 11 章的实验,每一章的实验对应教材的一个章节,包括 C 语言的基本概念、算法思想、结构设计等内容;第 2 部分精选了一系列课程设计备选题目,并示范了一些典型案例;第 3 部分设计了 4 套综合测试题以便读者进行自我测试;第 4 部分是全国计算机等级考试二级 C 的相关内容,包括考试大纲、公共基础知识的详解、模拟测试题。

本书既可单独作为高等院校 C 语言程序设计实验课程的教材或自学 C 语言程序设计的参考用书,也可与主教材配套使用。

图书在版编目(CIP)数据

C 语言程序设计实验指导及课程设计/李娅,龙建武,何进,肖朝晖主编.--北京:清华大学出版社,2016(2023.7重印)

21 世纪高等学校计算机教育实用规划教材

ISBN 978-7-302-42921-0

Ⅰ.①C…　Ⅱ.①李…②龙…③何…④肖…　Ⅲ.①C语言-程序设计-高等学校-教学参考资料　Ⅳ.①TP312

中国版本图书馆 CIP 数据核字(2016)第 030887 号

责任编辑:付弘宇　王冰飞
封面设计:常雪影
责任校对:时翠兰
责任印制:朱雨萌

出版发行:清华大学出版社
　　　　网　　　址:http://www.tup.com.cn,http://www.wqbook.com
　　　　地　　　址:北京清华大学学研大厦 A 座　　　　邮　　编:100084
　　　　社 总 机:010-83470000　　　　邮　　购:010-62786544
　　　　投稿与读者服务:010-62776969,c-service@tup.tsinghua.edu.cn
　　　　质量反馈:010-62772015,zhiliang@tup.tsinghua.edu.cn
　　　　课件下载:http://www.tup.com.cn,010-83470236
印 装 者:三河市龙大印装有限公司
经　　销:全国新华书店
开　　本:185mm×260mm　　　印　　张:16.5　　　字　　数:402 千字
版　　次:2016 年 1 月第 1 版　　　印　　次:2023 年 7 月第 12 次印刷
印　　数:16001~16500
定　　价:49.00 元

产品编号:068289-02

出 版 说 明

　　随着我国高等教育规模的扩大以及产业结构调整的进一步完善,社会对高层次应用型人才的需求将更加迫切。各地高校紧密结合地方经济建设发展需要,科学运用市场调节机制,合理调整和配置教育资源,在改革和改造传统学科专业的基础上,加强工程型和应用型学科专业建设,积极设置主要面向地方支柱产业、高新技术产业、服务业的工程型和应用型学科专业,积极为地方经济建设输送各类应用型人才。各高校加大了使用信息科学等现代科学技术提升、改造传统学科专业的力度,从而实现传统学科专业向工程型和应用型学科专业的发展与转变。在发挥传统学科专业师资力量强、办学经验丰富、教学资源充裕等优势的同时,不断更新教学内容、改革课程体系,使工程型和应用型学科专业教育与经济建设相适应。计算机课程教学在从传统学科向工程型和应用型学科转变中起着至关重要的作用,工程型和应用型学科专业中的计算机课程设置、内容体系和教学手段及方法等也具有不同于传统学科的鲜明特点。

　　为了配合高校工程型和应用型学科专业的建设和发展,急需出版一批内容新、体系新、方法新、手段新的高水平计算机课程教材。目前,工程型和应用型学科专业计算机课程教材的建设工作仍滞后于教学改革的实践,如现有的计算机教材中有不少内容陈旧(依然用传统专业计算机教材代替工程型和应用型学科专业教材),重理论、轻实践,不能满足新的教学计划、课程设置的需要;一些课程的教材可供选择的品种太少;一些基础课的教材虽然品种较多,但低水平重复严重;有些教材内容庞杂,书越编越厚;专业课教材、教学辅助教材及教学参考书短缺,等等,都不利于学生能力的提高和素质的培养。为此,在教育部相关教学指导委员会专家的指导和建议下,清华大学出版社组织出版本系列教材,以满足工程型和应用型学科专业计算机课程教学的需要。本系列教材在规划过程中体现了如下一些基本原则和特点。

　　(1)面向工程型与应用型学科专业,强调计算机在各专业中的应用。教材内容坚持基本理论适度,反映基本理论和原理的综合应用,强调实践和应用环节。

　　(2)反映教学需要,促进教学发展。教材规划以新的工程型和应用型专业目录为依据。教材要适应多样化的教学需要,正确把握教学内容和课程体系的改革方向,在选择教材内容和编写体系时注意体现素质教育、创新能力与实践能力的培养,为学生知识、能力、素质协调发展创造条件。

　　(3)实施精品战略,突出重点,保证质量。规划教材建设仍然把重点放在公共基础课和专业基础课的教材建设上;特别注意选择并安排一部分原来基础比较好的优秀教材或讲义修订再版,逐步形成精品教材;提倡并鼓励编写体现工程型和应用型专业教学内容和课程体系改革成果的教材。

　　(4) 主张一纲多本,合理配套。基础课和专业基础课教材要配套,同一门课程可以有多本具有不同内容特点的教材。处理好教材统一性与多样化,基本教材与辅助教材,教学参考书,文字教材与软件教材的关系,实现教材系列资源配套。

　　(5) 依靠专家,择优选用。在制订教材规划时要依靠各课程专家在调查研究本课程教材建设现状的基础上提出规划选题。在落实主编人选时,要引入竞争机制,通过申报、评审确定主编。书稿完成后要认真实行审稿程序,确保出书质量。

　　繁荣教材出版事业,提高教材质量的关键是教师。建立一支高水平的以老带新的教材编写队伍才能保证教材的编写质量和建设力度,希望有志于教材建设的教师能够加入到我们的编写队伍中来。

21 世纪高等学校计算机教育实用规划教材编委会

联系人：魏江江 weijj@tup. tsinghua. edu. cn

前　言

　　C语言程序设计既是高等学校普遍开设的一门计算机公共基础课程,也是目前使用最为广泛的高级程序设计语言之一。它广泛地应用于系统设计、数值计算、自动控制等诸多领域。

　　C语言具有功能丰富、表达力强、使用灵活方便、应用面广的优点。然而,正是由于其功能强,编程限制少,灵活性大,也意味着易出错,调试困难,不好把握。所以对编程人员要求较高,尤其初学者会感到入门不易。针对上述问题,本书在编写上力图做到概念叙述简明清晰、通俗易懂,例题习题针对性强。

　　本书共分以下4个部分。

　　第1部分是C语言实验指导,共包括11个实验,每个实验对应理论教材的一个章节,包含C语言的基本概念、算法思想、结构设计等内容。每一个实验又包括实验目的、实验内容、具体的程序设计和程序分析。程序分析部分对每个程序考查的知识点加以解释说明,以便读者更加明确C语言知识的掌握情况,更好地培养程序设计的基本思想和方法。

　　第2部分是课程设计,是C语言程序设计的一个重要实践环节,是C语言实验的深化,能进一步巩固C语言课程教学成果。该部分包括课程设计的目的和任务、课程设计的内容、课程设计的基本要求及题目,并给出了一些典型的课程设计案例,读者可参考课程设计案例与提示实现课程设计。

　　第3部分是综合测试,列举了C语言中一些典型的习题,以便学生学完该课程后对所学知识、概念进行自我测试。

　　第4部分是全国计算机等级考试,包括考试大纲、公共基础知识的详解、模拟测试题。特别是模拟测试,通过历届计算机等级考试中的二级C语言题型分析,以帮助学生极大地提高考试通过率。

　　最后,附录部分提供了C语言程序设计上机环境 Visual C++ 6.0 的使用说明、常用字符的 ASCII 码对照表、C运算符及优先级、C语言的库函数、实验报告格式和课程设计报告格式。

　　参与本书编写的人员有重庆理工大学肖朝晖、李娅、龙建武、何进等。

　　由于编者水平有限,书中难免存在疏漏和不足之处,恳请广大师生及读者给予批评、指正。

编　者

2015 年 10 月

目　　录

第1部分 | C语言实验指导

C语言程序设计是一门实践性很强的课程,学好这门课程离不开实验这一重要环节。学生不仅应具有扎实的理论知识,还要通过坚持不懈地阅读程序、编程练习、程序调试、程序改错等环节的训练,才能真正掌握所学知识,提高编程水平。对于初学者,可能会看程序但不会编写,程序调试时出现了问题不会纠错,这些都是正常现象,主要问题还是编程训练不够,只要勤学多练,最后一定可以取得令人满意的效果。

本部分共包括11个实验内容,每个实验包括实验目的和实验内容。实验目的说明实验的重点要求等,实验内容一般都包括读程序结果、程序填空、程序改错及编写程序等方面的题目。这些题目也是C语言程序设计各种考试所涉及的题型,因此做好实验对考试有极大的帮助。

1.1 C语言基础知识

1.1.1 实验目的

1. 了解C语言的特点,与其他高级语言间的异同。

2. 通过运行简单的C程序,初步了解C程序在 Visual C++ 6.0 集成环境下编辑、编译、调试和运行过程。

3. 掌握C程序的风格及C语言程序设计思想。

1.1.2 实验内容

1. 输入并运行一个简单的输出程序。

```
#include<stdio.h>   /*表示标准的输入和输出头文件*/
void main( )
{
    printf("Welcome to Chongqing University of Technology!\n");
    /*输出结果,\n表示回车换行*/
}
```

【分析】

(1) 掌握C语言程序设计的基本结构。

（2）了解 Visual C++ 6.0 集成环境下对 C 程序进行编辑、编译、调试和运行的过程。

（3）程序中的/ * 和 * /之间的文字表示注释，编写程序时可以省略。

（4）程序的运行结果：

【实验步骤】

（1）启动 Microsoft Visual C++ 6.0。

（2）单击 File(文件)菜单中的 New(新建)菜单项，出现如图 1.1 所示的对话框。选择左侧文本框中的"C++ Source File"，在右侧的 File(文件名)文本框中输入该 C 程序文件名，如 1-1.cpp；在 Location(位置)文本框中输入或选择该 C 程序文件所在的路径；单击 OK(确定)按钮或按 Enter 键。出现如图 1.2 所示的 C 程序编辑窗口。

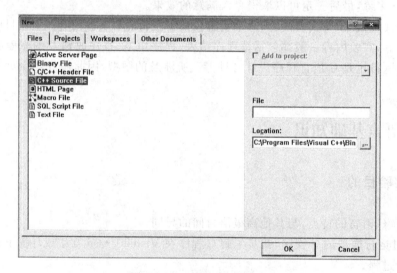

图 1.1　New(新建)对话框

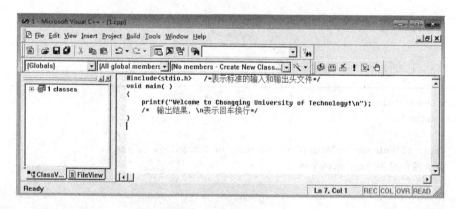

图 1.2　程序编辑窗口

（3）在编辑窗口输入新程序。如果程序已经存在,则选择 File(文件)菜单中的 Open(打开)菜单项,打开所需的程序。

（4）输入结束后,注意保存程序。

（5）选择 Build(组建)菜单中的 Compile(编译)菜单项,编译程序并将生成一个工作区,如图 1.3 所示。其中,屏幕下方显示编译信息。如编译正确,最后一行将显示"1.obj‑0 error(s),0 warning(s)",如有错误则显示"a1.obj‑n error(s),0 warning(s)"(n 为错误的个数)。向上滚动信息窗口,可以查看错误原因,双击错误提示行,光标可定位到出错处。修改错误,重新编译程序,直到编译正确为止。

（6）选择 Build(组建)菜单中的 Execute(运行)菜单项,显示程序输出窗口,如图 1.4 所示。按任意键输出窗口关闭,程序运行结束。

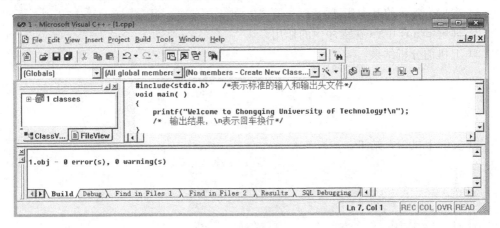

图 1.3　程序编译窗口

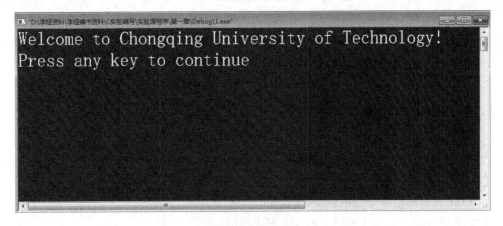

图 1.4　程序输出窗口

【注意】

当一个程序运行结束后,要重新编辑和运行新的程序,必须关闭当前的工作区,即选择 File(文件)菜单中的 Close Workspace(关闭工作区)菜单项,关闭当前的工作区。

2. 分析以下程序,预测其运行结果,并上机检验预测结果。

```
#include < stdio. h>
void main( )
{
    printf(" * \n");
    printf(" ***** \n");
    printf(" ********* \n");
    printf(" ************* \n");
}
```

【分析】

(1) 掌握 printf 的基本用法。

(2) 理解 printf 中\n 在程序中的作用。

(3) 上机前分析结果:

(4) 实际上机运行结果:

3. 运行下列程序,并给出其输出结果。

```
#include < stdio. h>
void main( )
{
    int a,b,c;
    a = 3;
    b = 4;
    c = a * b;
    printf("c = a * b = %d\n",c);
}
```

【分析】

(1) int 表示的整型变量的定义,掌握 int 的用法。

(2) 掌握 printf 语句中的格式控制符%d 的用法。

(3) 上机前分析结果:

（4）实际上机运行结果：

4. 运行带有输入函数的程序，并给出其输出结果。

```
#include<stdio.h>              /*求圆的面积*/
#define PI 3.1415926           /*符号常量的使用*/
void main( )
{
    float r,s;                 /*定义实型变量*/
    printf("请输入圆的半径：");
    scanf("%f",&r);            /*第7行*/
    s=PI*r*r;
    printf("s=%f\n",s);
}
```

【分析】

（1）掌握符号常量的用法。

（2）掌握 scanf 语句的用法，如果把第 7 行修改为：

```
scanf("r=%f",&r);
```

观察程序有无变化，输入半径的方法应为_____。

（3）掌握 float 的用法，思考程序在编译时，为什么出现如图 1.5 所示的编译结果？

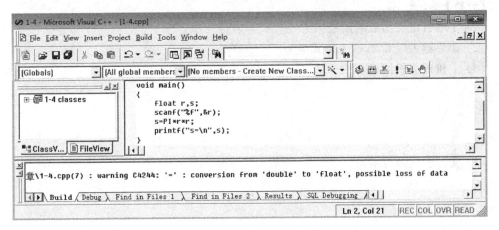

图 1.5　程序编译窗口

（4）上机前分析结果：

（5）实际上机运行结果：

5. 运行带有自定义函数的程序，并给出其输出结果。

```
#include<stdio.h>
int max(int x, int y)                    /*子函数的定义*/
{
    int z;
    if(x>y)
        z=x;
    else
        z=y;
    return(z);
}
void main()
{
    int a,b,c;
    int max(int x,int y);                /*子函数的声明*/
    /*运行时,输入第一个数后输入逗号,再输入第二个数后回车*/
    scanf("%d,%d",&a,&b);                 /*输入两个整数*/
    c=max(a,b);                          /*子函数的调用*/
    printf("max=%d\n",c);
}
```

【分析】

（1）了解自定义函数的用法。

（2）如果输入 5 和 9，输入格式应为_____。

（3）上机前分析结果：

（4）实际上机运行结果：

6. 编写程序：编写一个 C 程序，要求输出如下图形。

```
      *
    * * *
  * * * * *
* * * * * * *
```

7. 编写程序：任意输入两个实数，求两个数的商(可以不考虑除数为 0 的情况)。

1.2 基本数据类型及运算

1.2.1 实验目的

1. 掌握 C 语言的基本数据类型以及各种基本类型变量的定义和赋值方法。
2. 学会使用 C 语言的有关算术运算符和赋值运算符，以及包含这些运算符的表达式，特别是自加(＋＋)和自减(－－)运算符的使用，熟悉各种运算符的优先级与结合性。
3. 掌握各种基本类型数据的混合运算的运算规则。
4. 初步认识学习简单的 C 语言输入输出函数的使用方法。
5. 进一步掌握 C 程序的编辑、编译、连接和运行过程。

1.2.2 实验内容

1. 字符变量与整型变量的使用。

```
#include < stdio. h>
void main()
{
    char c1, c2;              /* 第 4 行 */
    c1 = 97;                  /* 注意字符值与变量名的区别 */
    c2 = 'b';                 /* 第 6 行 */
    printf("输出字符: c1 = %c c2 = %c \n",c1,c2);
    printf("输出整数: c1 = %d c2 = %d \n",c1,c2);
    /* %c 输出字符, %d 输出带符号十进制整数 */
}
```

【分析】
(1) 掌握字符变量与整型变量之间的异同点。
(2) 进一步掌握 printf 语句的用法，引号内除了特殊字符外，其余字符照原样输出。
(3) 上机前分析结果：

（4）实际上机运行结果：

（5）将程序中第 4 行改为"int c1，c2；"，再编译运行，其运行结果：

（6）将第 6 行改为"c2＝b；"，分析编译结果：

2. 掌握带符号整型数据和无符号整型数据之间的区别。

```c
#include < stdio.h >
void main()
{
    int a,b,c,d;
    unsigned u,v;
    a = 1;
    b = 3;
    c = 6;
    d = -7;
    u = a + b;
    v = c + d;
    printf("u = % d,v = % d\n",u,v);
    printf("u = % u,v = % u\n",u,v);
}
```

【分析】

（1）掌握 int 变量和 unsigned 变量在内存的存储形式。

（2）掌握无符号整型数据分别以％d 和％u 形式输出的区别。

（3）上机前分析结果：

（4）实际上机运行结果：

3. 各种基本类型数据的混合运算。

```
#include < stdio. h>
#define N 3
void main()
{
    char c = 'B';
    unsigned int d = 2;
    float f1,f2;
    f1 = 1/3 * c * d * N;
    f2 = c * d * N/3;
    printf("f1 = % f\n",f1);
    printf("f2 = % f\n",f2);
    / * % f 输出浮点数,\n 回车换行,引号内其他字符原样输出 * /
}
```

【分析】

（1）上机运行,求出 $f1$ 的值为_____, $f2$ 的值为_____。

（2）分析 $f1$ 和 $f2$ 值的区别,为什么？

4. 自加和自减运算的使用。

```
#include < stdio. h>
void main()
{
    int k = 3,x,y,z,w;
    x = k++ + 1;
    y = k --+ 1;
    z = ++k + 1;
    w =-- k + 1;
    printf("x = % d,y = % d,z = % d,w = % d,k = % d\n",x,y,z,w,k);
}
```

【分析】

（1）掌握 $k++$ 与 $++k$ 的区别。

（2）上机前分析结果：

（3）实际上机运行结果：

5. 赋值运算符、逗号运算符间的混合运算。

```
#include < stdio.h >
void main()
{
    int a = 4,b = 7;
    printf(" % d\n",(a = a + 1,b + a,b + 1));        /* 第 5 行 */
}
```

【分析】

（1）写出程序的运行结果：

（2）将程序的第 5 行改为"printf("％d\n",a＝a＋1,b＋a,b＋1);"，再编译运行,观察程序的运行结果：

6. 复合赋值语句、逗号运算实验。

```
#include < stdio.h >
void main()
{
    int a,b;
    int x = 12,y;
    b = (a = 5) + (a = 3);                          /* 第 6 行 */
    y = x += x -= x * = x;                          /* 第 7 行 */
    printf("1-----a = % d   b = % d\n",a,b);
    printf("2-----x = % d   y = % d\n",x,y);
    printf("3----- % d\n", a = (a = 3) + (a = 5));   /* 第 10 行 */
    printf("4----- % d\n",(a = 3 * 5,a * 4,a + 10));
    printf("5----- % d\n",(a = 3 * 5,b = a * 2,b * 10));
    printf("6-----a = % d   b = % d\n",a,b);
}
```

【分析】

（1）写出程序的运行结果：

（2）理解程序中第 6 行语句"b＝(a＝5)＋(a＝3)；"和第 10 行语句"a＝(a＝3)＋(a＝5)；"两行的区别，最终第 6 行变量 a 的值是＿＿＿＿，第 10 行变量 b 的值是＿＿＿＿。

（3）将第 7 行改为"y＝x＋＝x－＝x＊x；"，观察变量 y 的值是＿＿＿＿。

7. 将十进制非负数转换成八进制和十六进制数。

```
#include< stdio. h>
void main()
{
    unsigned num;
    printf("请输入一个十进制非负数: ");
    scanf(" %u", &num);
    printf("十进制非负数: %u\n", num);
    printf("对应八进制数: %o\n", num);
    printf("对应十六进制数: %X\n", num);
}
```

【分析】

（1）掌握十进制、八进制和十六进制间的相互转换及它们的输出方式。

（2）写出程序的运行结果：

8. 编写程序：把 1100 分钟换算成用小时和分钟表示，然后输出。

1.3　顺序结构程序设计

1.3.1　实验目的

1. 熟练掌握顺序结构的程序设计方法。

2. 理解并运用各种表达式。

3. 熟练掌握输入输出函数的使用及常用格式字符的使用方法。

1.3.2 实验内容

1. 程序改错：输入长方形边长，求面积。

```
#include<stdio.h>
void main()
{
    float  a,b;
    printf("请输入长和宽a b: ");
/************ found *********/
    scanf("%f%f", a, b);
    printf("面积 = %f\n", a*b);
}
```

【分析】

（1）掌握输入函数 scanf 的用法。

（2）"found"下行应该为_____，修改后重新运行程序，其运行结果为：

2. getchar( )和 putchar( )的用法。

```
#include<stdio.h>
void main()
{
    char ch1 = '\102', ch2 = '\x44', ch3 = 'a',ch4 = '\n',ch5;
    ch5 = getchar();
    putchar(ch1); putchar('\n');
    putchar(ch2); putchar('\n');
    putchar(ch3); putchar(ch4);
    putchar(ch5);putchar('\n');
    putchar('A'); putchar('\n');
}
```

【分析】

（1）掌握常用的转义字符的用法。

（2）如果输入 a，写出程序的运行结果：

3. 运行下列程序,并给出其输出结果。

```
#include < stdio. h>
void main()
{
    int a = 5, b = 7;
    float x = 67.8564, y = - 789.124;
    char c = 'A';
    printf("a = % 3d, b = % 3d\n", a, b);
    printf("% 10f, % - 10f\n", x, y);
    printf("% 8.2f, % 4f, % e, % 10.2f\n", x, y, x, y);
    printf("% c, % d, % o, % x\n", c, c, c, c);
}
```

【分析】

(1) 分析%3d 中 3 的作用是_____。

(2) 掌握%10f 和%-10f 的区别是_____。

(3) 掌握%m. nf 的输出形式。

(4) 写出程序的运行结果:

4. 以下程序的功能是输入一个华氏温度,求出摄氏温度。

```
#include < stdio. h>
void main()
{
    float c, f;
    printf("请输入一个华氏温度: ");
    scanf("% f", &f);
    c = 5/9 * (f - 32);
    printf("华氏温度 F = % .2f\n", f);
    printf("摄氏温度 c = % .2f\n", c);
}
```

【分析】

(1) 上机前分析结果:

（2）实际上机运行结果：

（3）分析程序的输出结果是否正确，如果不正确，程序应该如何修改？

5. 调试运行下面程序，并分析其功能。

```
#include<stdio.h>
void main()
{
    int a=123,b=234;
    printf("a=%d,b=%d\n",a,b);
    a=a+b;
    b=a-b;
    a=a-b;
    printf("a=%d,b=%d\n",a,b);
}
```

【分析】

（1）写出程序的运行结果：

（2）根据其运行结果，得出程序的功能。

（3）编写程序：用另一种算法实现该功能。

6. 程序填空：从键盘输入圆柱体的半径 r 和高度 h，计算其底面积 s 和该圆柱体的体积 v 并输出。

```
#include <stdio.h>
void main()
{
    float pi = 3,1415926;
    float r,h,s,v;
    printf("Please input r,h:");
    scanf(" % f, _____",&r, _____ );
    s = _____;
    v = _____;
    printf("area = _____ , volume = _____ \n",s,v);
}
```

写出程序的运行结果:

7. 编写程序：求出任一输入字符的 ASCII 码（提示：接收一个字符变量，以整型输出该变量）。

8. 编写程序：从键盘输入 a、b、c 3 个变量的值，输出其中的最大值。

1.4　选择结构程序设计

1.4.1　实验目的

1. 掌握 C 语言的关系运算符、逻辑运算符、条件运算符及它们的表达式。
2. 掌握各种 if 语句的使用方法。
3. 掌握 switch 语句的用法。
4. 掌握嵌套的选择结构用法。

1.4.2　实验内容

1. 常用运算符的混合使用。

```
#include<stdio.h>
void main()
{
  int a=3,b=4,c=5;
  int x,y;
  printf("bds1=%d\n",a+b>c&&b==c);
  printf("bds2=%d\n",a||b+c&&b-c);
  printf("bds3=%d\n",!(a>b)&&!c||1);
  printf("bds4=%d\n",!(x=a)&&(y=b)&&0);
  printf("bds5=%d\n",!(a+b)+c-1&&b+c/2);
  printf("bds6=%d\n",(a=3)&&(b=0)&&(c=1));
  printf("a=%d  b=%d  c=%d\n",a,b,c);
  }
```

【分析】

(1) 掌握关系表达式、逻辑表达式的使用方法。

(2) 写出程序的运行结果:

2. 程序填空: 输入两个数,输出较大的数。

```
#include<stdio.h>
void main()
{
    int   a,b;
    scanf("%d%d",&a,&b);
    printf("%d\n",_____) ;
}
```

【分析】

(1) 掌握条件运算符的使用方法。

(2) 写出程序的运行结果:

(3) 编写程序:不使用条件运算符,改用 if 语句,求两个数的较大值并输出。

3. 程序填空：将用户输入的字母进行大小写转换（提示：小写字母 a 比大写字母 A 大 32。如果输入是大写字母，则转换成小写字母；如果输入是小写字母，则转换成大写字母）。

```
#include<stdio.h>
void main()
{
    char c;
    scanf("%c",&c);
    if(_____)        _____ ;
    else if(_____ )        _____ ;
    printf("%c\n",i);
}
```

写出程序运行结果：

4. 以下程序实现：

(1) 当 $a=0$ 并且 $b=0$ 时输出 ****** 。

(2) 当 $a=0$ 并且 $b!=0$ 时什么也不做。

(3) 当 $a!=0$ 时输出 ######## 。

分析以下程序中的 if…else 语句能否实现其功能。

```
#include<stdio.h>
void main( )
{
    int a,b;
    scanf("%d, %d",&a,&b);
    if(a==0)
        if(b==0)
            printf("****** \n");
        else printf("######## \n");
}
```

【分析】

(1) 掌握 if 与 else 语句匹配的规则。

(2) 写出程序的运行结果：

（3）如果不能实现上述题目所要求的功能，程序该如何修改？

5. if 语句的嵌套，输入 3 个数，输出其最大值。

```
#include <stdio.h>
void main()
{
    int a,b,c;
    scanf("%d,%d,%d",&a,&b,&c);
    if(a>b)
      if(a>c) printf("max=%d\n",a);
      else printf("max=%d\n",c);
    else
        if(b>c) printf("max=%d\n",b);
        else printf("max=%d\n",c);
}
```

【分析】

（1）掌握 if 语句的嵌套格式。

（2）如果 a、b、c 分别输入 3、9、7，则程序的运行结果：

（3）编写程序：完成 3 个数从大到小的输出。

6. 如下函数：

$$y=\begin{cases} |x| & (x<5) \\ x^3 & (5\leqslant x<10) \\ \sqrt{x} & (x\geqslant 10) \end{cases}$$

从键盘上输入 x，求 y 的值。

```
#include <stdio.h>
#include <math.h>
void main()
{
    float x,y;
```

```
        printf("input x:");
        scanf(" % f",&x);
        if (x < 5)
        {
            y = fabs(x);
            printf("x = % .2f, y = fabs(x) = % .2f\n",x,y);
        }
        / * * * * * * * * * * * found * * * * * * * * * /
        else if (5 <= x < 10)
        {
            y = pow(x,3);
            printf("x = % .2f, y = pow(x,3) = % .2f\n",x,y);
        }
        else
        {
            y = sqrt(x);
            printf("x = % .2f, y = sqrt(x) = % .2f\n",x,y);
        }
    }
```

【分析】

(1) 执行程序 3 次,分别输入 0、5、80,写出程序运行结果:

(2) … * found * …下行应改为_____,改正后重新运行程序,其运行结果为:

7. 多分支结构程序设计,分析并运行程序。

```
#include < stdio. h >
void main()
{
    int n = 97;
    switch(n/10 - 4)
    {
    case 2:n++;
    case 3:n = n * 2;
    case 5:n = n - 2;
    case 7:n = n + 3;break;
    default: n = n/2;
```

```
        }
    printf(" % d\n",n);
    }
```

【分析】

(1) 掌握多分支结构 switch 的用法。

(2) 掌握 break 语句的用法。

(3) 写出程序的输出结果：

8. 编写程序：从键盘任意输入一个年号,然后判断是否是闰年。

9. 编写程序：任意输入两个整数,求商(整数)和余数。如果除数为 0,给出错误提示。

10. 编写程序：输入 3 个实数,判断能否以它们为边长构成三角形。若能,则计算三角形的面积,否则输出提示信息。

1.5 循环结构程序设计

1.5.1 实验目的

1. 了解 C 语言循环结构的使用范围。

2. 掌握用 while 语句、do…while 语句和 for 语句实现循环的方法。

3. 掌握在程序设计中用循环的方法实现各种算法(如穷举、递推等)。

1.5.2 实验内容

1. 运行下列程序,并给出其输出结果。

```
#include <stdio.h>
void main()
{
    int i = 1, sum = 0;
    while(i < 10)
    {
        sum += i;
        i = i + 2;
    }
    printf("sum = % d\n", sum);
}
```

【分析】

(1) 掌握 while 语句的用法。

(2) 写出程序的运行结果:

(3) 编写程序:把该程序改用 for 语句实现循环。

2. 程序填空:输入一个整数,求每位数字之和。例如,输入的数是 4512,则结果为 4+5+1+2=12。

```
#include <math.h>
#include <stdio.h>
void main()
{
    long n;
    int sum = 0;
    printf("enter N: ");
    scanf("% ld", &n);
    do
    {
        sum = _____;
        n = n/10;
    }while(_____);
    printf("sum = % d\n", sum);
}
```

写出程序运行结果：

3. 程序改错：计算 $1-3+5-7+\cdots+-99+101$ 的值。（提示：注意符号的变化）

```
#include <stdio.h>
void main()
{
    int   i,t=1,s=0;              /*t 标识正负符号*/
/*********found*********/
    for (i=1;i<101;  i+=2)
    {
        s+=i*t;
        t=-t;
    }
    printf("s=%d\n",s);
}
```

【分析】

(1) 掌握 for 语句的使用方法。

(2) 用 for 来实现累加求和、求积的算法。

(3) …*found*…下方的语句应改为_____,改正后重新运行程序,其运行结果为：

4. 分析程序,运行时输入 24579<CR>（注：<CR>表示回车换行）。

```
#include <stdio.h>
void main()
{   int c;
    while((c=getchar())!='\n')
    {   switch(c-'2')
        {   case 0:
            case 1: putchar(c+4);
            case 2: putchar(c+4);break;
            case 3: putchar(c+3);
            case 4: putchar(c+2);break;
            default:putchar(c);
        }
    }
    printf("\n");
}
```

写出程序的运行结果：

5. 程序填空：下面程序的功能是打印 100 以内个位数为 3 且能被 3 整除的所有数。

```c
#include < stdio. h >
void main( )
{
    int i,j;
    for(i = 0;_____ ;i++)
    {    j = i * 10 + 3;
        if(_____)
            continue;
        printf(" % 4d",j);
    }
}
```

写出程序运行结果：

6. 输入一个数，判断其是否为素数。

```c
#include < stdio. h >
#include < math. h >
void main( )
 {
    int n,i = 2;
    int l = 0;
    printf("enter N: ");
    scanf(" % d",&n);
    while(i < = sqrt(n))
    {
        if(n % i == 0)
        {
            l = 1;break;
        }
        i++;
    }
    if(l == 1)
        printf(" % d 不是素数!\n",n);
    else
        printf(" % d 是素数!\n",n);
 }
```

【分析】

（1）掌握素数的算法（含 break 语句的使用方法）。

（2）写出程序运行结果：

（3）编写程序：输出 1～100 之间的全部素数。

7. 程序填空：以下程序用辗转相除法求出两个正整数的最大公约数和最小公倍数。

```
#include <stdio.h>
void main()
{
    int m,n,t,k,p;
    printf("m=");
    scanf("%d",&m);
    printf("n=");
    scanf("%d",&n);
    if(m<n)
    {_____}
    k=m;
    p=n;
    while(_____)
    {
        t=n;
        n=m%n;
        m=_____;
    }
    printf("最大公约数:%d\n",n);
    printf("最小公倍数:%d\n",_____ );
}
```

写出程序的运行结果：

8. 编写程序：在屏幕上输出 * 号组成的正三角图案,行数由键盘输入,当输入 4 时,有下列输出：

```
      *
    * * *
  * * * * *
* * * * * * *
```

```
#include < stdio. h >
void main()
{
    int i,j;
    for(i = 1;i <= 4;i++)
    {
        for(j = 1;j <= 4 - i;j++)
            printf(" ");
        for(j = 1;j <= 2 * i - 1;j++)
            printf(" * ");
        printf("\n");
    }
}
```

【分析】

(1) 掌握多层循环的编程方法。

(2) 编程程序:仿照上述程序,完成倒三角形图案的输出。

(3) 编写程序:仿照上述程序,完成下列图案的输出。

```
    1
   2 2 2
  3 3 3 3 3
```

9. 编写程序:求 100 以内能同时被 3 和 7 整除的数,并输出。

10. 编写程序:求 $1^2 + 2^2 + 3^2 + \cdots + 9^2 + 10^2$ 的和,并输出其结果。

11. 编写程序：输入一串字符，将小写字母转换为大写字母，其余字符照原样输出。

12. 编写程序：一个数如果恰好等于它的因子之和，这个数就称为"完数"。例如，28 的因子是 1、2、4、7、14，且 1＋2＋4＋7＋14＝28，则 28 是完数。编写程序，找出 1000 以内的所有完数。

13. 编写程序：百马百担问题。有 100 匹马，驮 100 担货，大马驮 3 担，中马驮 2 担；两匹小马驮 1 担，编程计算共有多少种驮法。

1.6 数组

1.6.1 实验目的

1. 掌握一维数组和二维数组的定义、初始化、赋值、数组元素的引用形式。
2. 掌握数组的输入与输出方法。
3. 了解与数组有关的算法。

1.6.2 实验内容

1. 运行程序，分析运行结果。

```c
#include < stdio. h >
void main()
{
    int a[6],i;
    for(i = 0;i < 6;i++)
    {
        a[i] = 9 * (i + 2) % 5;
        printf(" % d",a[i]);
    }
    putchar('\n');
}
```

【分析】

（1）掌握用 for 语句调用数组的使用方法。

（2）写出程序的运行结果：

2. 程序填空：在循环中对数组进行输入操作，并以每行 5 个数的形式输出。

```
#include<stdio.h>
#define N 10
void main()
{
    int i, a[N];
    for(i=0; i<N; i++)
        scanf("%d", _____);
    for(i=0; i<N; i++)
    {
        if(_____)
            printf("\n");
        printf("%11d", _____);
    }
    printf("\n");
}
```

【分析】

（1）掌握一维数组的输入与输出方法。

（2）写出程序的运行结果：

（3）编写程序：仿照上述程序，用一维数组完成下图的输出。

$$
\begin{array}{ccc}
1 & 2 & 3 \\
4 & 5 & 6 \\
7 & 8 & 9
\end{array}
$$

3. 程序填空：在第一数组中给数组 a 的前 10 个元素依次赋值为 1、2、3、…、10；在第 2

个循环中使数组变为 1、2、3、4、5、5、4、3、2、1。

```c
#include < stdio. h>
void main()
{
    int i,a[10];
    for(i = 0;i < 10;i++)
        a[ i] = _____;
    for(i = 0;i < 5;i++)
        _____ = a[i];
    for(i = 0;i < 10;i++)
        printf(" % 4d",_____);
}
```

【分析】

(1) 掌握一维数组元素初始化的方法。

(2) 写出程序的运行结果：

4. 程序填空：将数组的元素逆序存储。例如，数组 a 中的元素为 1、3、2、4、6、5、9、8,逆序后为 8、9、5、6、4、2、3、1。

```c
#include < stdio. h>
#define N 8
void main()
{
    int a[N],i,j,t;
    for(i = 0;i < N;i++)
        scanf(" % d",_____);
    for(i = 0,j = N - 1;i < j;_____)
    {
        t = a[i];
        a[ i] = _____;
        a[ j] = t;
    }
    for(i = 0;i < N;i++)
        printf(" % 4d",a[i]);
    printf("\n");
}
```

【分析】

(1) 掌握逆序存储的算法。

（2）写出程序的运行结果：

5．编写程序：任意输入 10 个数，求其最大值和最小值，并且输出。

6．编写程序：任意输入 10 个同学的成绩存放到一维数组中，求这 10 个同学的平均分，并输出低于平均分的所有同学的成绩。

7．编写程序：统计 2 到 100 以内素数，并存于数组 a 中。

8．程序填空：以下程序是求二维数组中的最小数及其下标（设最小数是唯一的）。

```c
#include < stdio. h>
void main()
{
    int i,j,row,col,min;
    int a[3][4] = {{1,2,3,4},{9,8,7,6},{ - 1, - 2,0,5}};
    min = a[0][0];
    row = col = 0
    _____
    for(j = 0;j < 4;j++)
        if(_____)
            {
                min = a[i][j];
                row = i;
                col = j;
            }
    printf("min = % d,row = % d,col = % d\n",min,row,col);
}
```

【分析】
（1）掌握在二维数组中求最大值与最小值的算法。

（2）写出程序的运行结果：

9. 程序填空：以下程序是实现输出杨辉三角（最多 10 行）。

```
                    1
                    1   1
                    1   2   1
                    1   3   3   1
                    1   4   6   4   1
                    1   5  10  10   5   1
                    ⋮
```

```c
#define N 11
#include < stdio. h>
void main()
{
    int i,j,a[N][N];
    for (i = 1; i < N; i++)
    {
        a[i][1] = 1;
        _____;
    }
    for (i = 3; i < N; i++)
        for (j = 2; _____; j++)
            a[i][j] = a[i-1][j-1] + a[i-1][j];
        for (i = 1; i < N; i++)
        {
            for (j = 1; j <= i; j++)
                printf(" % 6d", a[i][j]);
            _____;
        }
        printf("\n");
}
```

【分析】

（1）掌握二维数组元素初始化的方法。

（2）写出程序的运行结果：

10. 程序填空：下列程序是对数组 a 的主对角线和次对角线上的元素求和，并分别存放在 s1 和 s2 中。

```
#include<stdio.h>
void main()
{
    int i,j,a[3][3] = {1,3,6,2,4,8,3,9,4};
    int s1 = 0,s2 = 0;
    for (i = 0;i < 3;i++)
        for (j = 0;j < 3;j++)
            if(i == j)
                s1 = s1 + _____ ;
    for (i = 0;i < 3;i++)
        for (_____;j >= 0;j--)
            if _____ == 2)
                s2 = s2 + a[i][j];
    printf("s1 = % d,s2 = % d",s1,s2);
}
```

【分析】

（1）理解主对角线和次对角线的概念。

（2）写出程序的运行结果：

11. 编写程序：输入一个 3 行 3 列的二维数组，分别统计各行元素之和并输出其结果。

12. 编写程序：用二维数组完成题目 2 中下图的输出。

    1   2   3
    4   5   6
    7   8   9

13. 运行下列程序,给出其运行结果。

```c
#include<stdio.h>
void main()
{
    char c,s[] = "BABCDCBA";
    int k;
    for(k = 1;(c = s[k])!= '\0';k++)
    {
        switch(c)
        {
            case 'A':putchar('?');continue;
            case 'B':++k;break;
            default:putchar('*');
            case 'C':putchar('&');continue;
        }
        putchar('#');
    }
    putchar('\n');
}
```

【分析】

(1) 掌握 break 和 continue 的区别。

(2) 写出程序的运行结果:

14. 程序填空:输入一串字符,计算其中字母的个数。

```c
#include<stdio.h>
#include<string.h>
#define N 81
void   main()
{
    char ch[N];
    int i,count = 0;
    puts("请输入一串字符: ");
    _____                    /* 提示: 使用字符串输入函数 */
    for(i = 0;i<strlen(ch);i++)
        if(_____)
            count++;
    printf("字母个数为: %d \n", count);
}
```

【分析】

(1) 掌握字符串相关函数的用法。

（2）写出程序的运行结果：

15. 编写程序：输入一串字符，要求逆序输出。

16. 程序填空：将两个字符串连接起来，不使用 strcat 字符函数。

```
#include<stdio.h>
#define  N  80
void main()
{
    char s1[2 * N],s2[N];
    int i = 0,j = 0;
    printf("\n 请输入两个字符串,以空格或回车键作字符串结束标志: \n");
    scanf(" % s",_____);
    scanf(" % s",_____);
    while (s1[i]!= '\0')
        i++;
    while (_____)
        s1[ i++ ] = s2[ j++ ];
    s1[ i ] = '\0';
    printf("\n 连接后的两个字符串为: \n % s\n",s1);
}
```

【分析】

（1）掌握不使用字符串函数，实现求字符串的长度、字符串的赋值、连接两个字符串的功能。

（2）写出程序的运行结果：

17. 编写程序：不使用 strlen 函数，求字符串的长度。

18. 程序填空：用简单选择法对 10 个整数排序。

```c
#define N 10
#include < stdio. h>
void main()
{
    int i, j, min, temp, a[N] = {1,5,4,3,7,0,9,8,2,6};
    for (i = 0; i < N - 1; i++)
    {
        min = i;
        for (j = i + 1;_____; j++)
            if (a[min]> a[j])
                min = j;
        if(min!= i)
        {_____}
    }
    printf("\n 排序结果为: \n");
    for (i = 0; i < N; i++)
        printf(" %5d", a[i]);
    printf("\n");
}
```

【分析】

（1）掌握选择排序算法。

（2）写出程序的运行结果：

19. 程序填空：下面的程序用冒泡法对 10 个数排序（从小到大）。

```c
#define N 10
#include < stdio. h>
void main()
{
    int i, j, min, temp, a[N] = {1,5,4,3,7,0,9,8,2,6};
    for(i = 0; i < N; i++)
        for(j = 0;_____; j++)
            if(_____ )
            {
                temp = a[j];
                a[j] = a[j + 1];
                a[j + 1] = temp;
            }
    printf("\n 排序结果为: \n");
    for(i = 0; i < 10; i++)
```

```
        printf("%4d",a[i]);
    printf("\n");
}
```

【分析】

（1）掌握冒泡排序算法。

（2）写出程序运行的结果：

1.7   函数

1.7.1   实验目的

1. 熟练掌握函数的定义和使用方法。
2. 掌握函数实参与形参的对应关系，以及函数"参数传递"的方式。
3. 掌握函数的返回值和类型。
4. 掌握函数的嵌套调用和递归调用的方法。
5. 掌握全局变量和局部变量、动态变量、静态变量的概念和使用方法。

1.7.2   实验内容

1. 程序填空：求 3 个数中的最大值。

```
#include < stdio.h >
void main()
{
    int a,b,c,m;
    int max(int x,int y);                /* 函数声明 */
    printf("input a,b,c = ");
    scanf("%d,%d,%d",&a,&b,&c);
    _____
    printf("最大值是: %d\n",m);
}
int max(int x,int y)                     /* 函数定义 */
{
    int z;
    z = (x > y)?x:y;
    return z;
}
```

【分析】

(1) 掌握函数原型、函数定义及函数调用的概念。

(2) 能够根据函数的定义,写出函数的调用形式。

(3) 写出程序的运行结果:

(4) 如果用一条语句完成填空部分,应该是＿＿＿＿＿＿＿＿＿＿＿。

2. 分析并运行下列程序。

```c
#include<stdio.h>
void main()
{
    int p(int x, int n);              /*第4行*/
    int x=5,n=3;
    printf("p=%d\n",p(x,n));
}
int p(int x,int n)
{
    int i,f=1;
    for(i=1;i<=n;i++)
        f=f*x;
    return f;
}
```

【分析】

(1) 第4行语句的作用是＿＿＿＿＿＿＿＿＿＿＿。

(2) 掌握函数调用过程中,实参和形参的关系。

(3) 此程序中,函数 p 的功能是＿＿＿＿＿＿＿＿＿＿＿。

(4) 写出程序的运行结果:

3. 程序填空:以下 sushu( )函数用以判断 n 是否为素数。

```c
#include<stdio.h>
#include<math.h>
int sushu(int n)
{
    int i;
    for(i=2;i<=sqrt(n)+1;i++)
        if(n%i==0) return 0;
```

```
        return 1;
    }
    void main()
    {
        int k;
        int sushu(int n);                /* 理解此处的作用,能否省略 */
        for(k = 1;k <= 1000;k++)
        if(_____) printf(" %5d",k);
        printf("\n");
    }
```

【分析】

（1）掌握判断素数的算法。

（2）写出程序的运行结果：

4. 编写程序：以下 mul( )函数实现两个数相乘,完善自定义函数 mul( )。

```
#include< stdio. h>
int mul(int a, int b)
{



}
void main()
{
    int x,y,z;
    printf("x = ");
    scanf(" % d",&x);
    printf("y = ");
    scanf(" % d",&y);
    z = mul(x,y);
    printf("z = % d",z);
}
```

5. 编写程序：以下程序的功能是计算 $1!+2!+\cdots+n!$,其中 fun( )函数实现 $n!$,完善自定义函数 fun( )。

```
#include< stdio. h>
long fun()
{
```

```
    }
    void main()
    {
        int i,n;
        long sum = 0;
        printf("input n:")
        scanf(" % d",&n);
        for(i = 1;i < = n;i++)
            s = s + fun(i);
        printf(" % ld\n",sum);
    }
```

6. 分析并运行程序。

```
    #include < stdio. h>
    int f( int a, int b)
    {
        int c;
        if(a > b)
            c = 1;
        else if(a == b)
            c = 0;
        else
            c = - 1;
        return(c);
    }
    void main()
    {
        int i = 2,p;
        p = f(i, i += 1);                /* 第 4 行 */
        printf(" % d\n",p);
    }
```

【分析】

（1）函数参数传递的顺序。

（2）写出程序的运行结果：

（3）将 main 函数中第 4 行语句改为"p＝f(i＋＝1,i);"，则程序的运行结果：

（4）比较分析，得出函数的参数求值顺序是＿＿＿＿＿＿＿＿＿＿＿＿＿。

7．分析并运行程序。

```
#include < stdio. h >
void swap(int a, int b)
{
    int temp;
    temp = a;
    a = b;
    b = temp;
}
void main( )
{
    int m = 1, n = 2;
    swap(m, n);
    printf(" % d, % d", m, n);
}
```

【分析】

（1）理解参数传递的过程是实参传递给形参，而非形参传递给实参。

（2）写出程序的运行结果：

8．数组元素作为实参，分析并运行程序。

```
#include < stdio. h >
void nzp(int v)
{
    if(v > 0)
        printf("\n % d", v);
    else
        printf("\n % d", 0);
}
void main()
{
    int   a[5], i;
    printf("input 5 numbers\n");
    for(i = 0; i < 5; i++)
    {
        scanf(" % d", &a[i]);
        nzp(a[i]);
    }
    printf("\n");
}
```

【分析】

(1) 数组元素与数组名作为函数参数的区别。

(2) 如果输入"1　－2　3　－4　－9"这5个数,写出程序的运行结果:

9. 数组名作为函数参数,分析并运行程序。

```c
#include<stdio.h>
void swap(float x[2])
{
    float t;
    t = x[0];
    x[0] = x[1];
    x[1] = t;
}
void main()
{
    void swap(float x[2]);
    float a[2] = {10.5,2.7};
    printf("%4.1f\t,%4.1f\n",a[0],a[1]);
    swap(a);
    printf("%4.1f\t,%4.1f\n",a[0],a[1]);
}
```

【分析】

(1) 数组名作为函数参数,是地址调用,实现"双向"传递。

(2) 注意与程序7的区别。

(3) 写出程序的运行结果:

10. 程序填空:求100以内能被2整除但不能被6整除的整数,并把结果保存在数组b中。其中函数 fun( )返回数组b元素的个数。

```c
#include<stdio.h>
#define N 100
int fun(int b[])
{
    int i,j;
    for(_____;i<N;i++)
        if(i%2==0&&i%6!=0)
```

```
                    _____ = i;
        return j;
    }
    void main()
    {
        int i,n,a[N];
        n = fun(a);
        for(i = 0;i < n;i++)
        {
            if(i % 5 == 0)
                printf("\n");
            printf(" % 4d",a[i]);
        }
    }
```

【分析】

（1）进一步理解数组名作为函数参数。

（2）程序运行结果：

11. 程序改错：二维数组作为函数参数。

```
#include < stdio.h>
/ ******** found ****** /
int func( int a[][ ] )
{
    int i,j,sum = 0;
    for(i = 0;i < 3;i++)
    for(j = 0;j < 3;j++)
        if(i == j)
            sum += a[i][j];
    return sum;
}
void main( )
{
    int a[][3] = {0,2,4,6,8,10,12,14,16},sum;
/ ******** found ****** /
    sum = func(a[][3]);
    printf("\n sum = % d\n",sum);
}
```

【分析】

（1）二维数组作为函数参数，也是地址调用，实现"双向"传递。

（2）写出程序的运行结果：

12. 函数的嵌套调用，分析并运行程序。

```
#include <stdio.h>
void pri(int z)                 /*定义函数 pri*/
{
    printf("%d", z);
}
void max(int x, int y)          /*定义函数 max*/
{
    int z;
    z = x > y?x:y;
    pri(z);                     /*调用函数 pri*/
}
void main()
{
    int a = 1,b = 2;
    max(a,b);
}
```

【分析】

（1）C 程序允许函数的嵌套调用，不能函数的嵌套定义。

（2）掌握函数的嵌套调用及执行顺序。

（3）写出程序的运行结果：

13. 递归调用的运用，分析并运行程序。

```
#include <stdio.h>
int f(int n)
{
    if(n == 1||n == 2)
        return 1;
    else
        return f(n - 1) + f(n - 2);
}
void main()
{
    printf("%d + %d = %d\n",f(4),f(5),f(6));
}
```

【分析】

（1）掌握函数的递归调用及执行顺序。

（2）写出程序的运行结果：

14. 编写程序：采用递归调用实现求 $n!$。

15. 采用递归算法，输入一个正整数，逆序输出每位。例如，输入为 123456，输出为 654321。

```c
#include < stdio.h >
void t(long n)
{
    printf(" % c",n % 10 + 48);
    if(n > 10)
        t(n/10);
}
void main()
{
    long x;
    printf("begin in number N:");
    scanf(" % ld",&x);
    printf("end out character string:\n");
    t(x);
    printf("\n");
}
```

【分析】

（1）理解递归算法实现逆序输出。

（2）写出程序的运行结果：

16. 全局变量与局部变量的使用，分析并运行程序。

```c
#include < stdio.h >
int a = 4,b = 6;
int max(int a,int b)
```

```
{
    int c;
    c = a > b?a:b;
    return c;
}
void main()
{
    int a = 9;
    printf(" % d\n",max(a,b));
}
```

【分析】

（1）理解全局变量和局部变量的概念及使用方法。

（2）该程序中，main 函数的局部变量是_____，max 函数的局部变量是_____，全局变量是_____。

（3）写出程序的运行结果：

17. 全局变量与局部变量的使用，分析并运行程序。

```
#include < stdio. h>
int f( int a)
{
    auto int b = 1;          / ** 动态变量 ** /
    static int c = 1;        / ** 静态变量 ** /
    b = b + 1;
    c = c + 1;
    return(a + b + c);
}
void main ( )
{
    int f(int);
    int a = 10, i;
    for(i = 0; i < 3; i++)
        printf(" % 4d",f(a));
}
```

【分析】

（1）理解静态变量和动态变量的概念及使用方法。

（2）写出程序的运行结果：

18. 编写程序：编写一个函数，判断一个整数是不是回文数。例如，34543 是回文数，个位与万位相同，十位与千位相同。

19. 编写程序：编写一个函数，将一个十进制数转换为十六进制，在主函数实现输入和输出。

20. 编写程序：在一个数组 A 中存放 100 个数据，用子函数判断该数组中哪些是素数，并统计该素数的个数，在主函数中输出该素数的个数。

1.8　指针

1.8.1　实验目的

1. 掌握指针的概念，指针变量的定义和使用。
2. 理解指针变量与指针所指向变量之间的关系。
3. 熟练掌握 C 语言指针的常见运算。
4. 掌握指针与数组的关系。
5. 了解指针与字符串的关系。
6. 掌握指针与函数的关系。
7. 了解指向指针的指针的概念及其使用方法。

1.8.2　实验内容

1. 指针的运用，分析并运行程序。

```
#include<stdio.h>
void main()
{
    int i,j, *p, *q;
    p = &i;
    q = &j;
    i = 5;
    j = 8;
    printf("%d,%d,%d,%d\n",i,j,p,q);
    printf("%d,%d\n",&i, * &i);
    printf("%d,%d\n",&j, * &j);
}
```

【分析】

(1) 掌握指针的概念、指针变量的定义和使用方法。

(2) 理解程序中 &j 和 * &j 的含义。

(3) 写出程序的运行结果：

2. 用指针求 3 个数的最大值,并输出其结果。

```
#include<stdio.h>
void main()
{
    int i = 3,j = 8,k = 11, * x, * y, * z, * m;
    x = &i;   y = &j;   z = &k;
    m = x;
    if( * x< * y)
        m = y;
    if( * m< * z)
        m = z;
    printf("%d\n", * m);
}
```

【分析】

(1) 理解用指针求最大值的方法。

(2) 写出程序的运行结果：

3. 用指针的方法输出一维数组中的数组元素。

```
void main()
{
    int a[] = {4,5,6};
    int i, * p;
    p = a;
    for(i = 0;i < 3;i++)
        printf("%d,%d,%d,%d\n",a[i],p[i],*(p+i),*(a+i));
}
```

【分析】

（1）掌握一维数组和指针的关系。

（2）会用指针法和下标法分别对一维数组元素进行输入与输出操作。

（3）写出程序的运行结果：

4. 指针与数组的运用,分析并上机运行程序。

```
#include < stdio.h>
void main()
{
    int a[] = {1,3,5,7,9,11,13};
    int * p = a;
    printf("1-- %d\n", * p);
    printf("2-- %d\n", * (++p));
    printf("3-- %d\n", * ++p);
    printf("4-- %d\n", * (p--));
    printf("5-- %d\n", * p--);
    printf("6-- %d\n", * p++);
    printf("7-- %d\n",++( * p));
    printf("8-- %d\n",( * p)++);
    p = &a[2];
    printf("9-- %d\n", * p);
    printf("10-- %d\n", * (++p));
    p++;
    printf("11-- %d\n", * p);
}
```

【分析】

（1）指针与自增的混合运算。

（2）上机前分析结果：

（3）实际上机运行结果：

5. 分析并上机运行程序。

```
#include<stdio.h>
void main()
{
    int a[6]={1,2,3,4,5,6};
    int *p,i,s=1;
    p=a;
    for(i=0;i<6;i++)
        s*=*(p+i);
    printf("%d\n",s);
}
```

【分析】

（1）掌握指针变量对一维数组的操作。

（2）写出程序的运行结果：

6. 程序填空：输入 10 个整数到一个一维数组中，把该数组中所有为偶数的数，放到另一个数组中并输出。

```
#include<stdio.h>
void main()
{
    int num[10],i,dnum[10],di;
    int *p;
    p=num;
    for(i=0;i<=9;i++)                    /*输入 10 个整数*/
    {
        scanf("%d",p+i);
```

```
        }
    di = 0;                        /* 偶数个数清 0 */
    for(i = 0;i <= 9;i++)
    {

        _____

        _____

    }
    p = dnum;
    for(i = 0;i < di;i++)          /* 输出所有的偶数 */
    {

        _____

    }
}
```

写出程序的运行结果：

7. 指针与字符串的运用，分析并上机运行程序。

```
#include < stdio. h>
void main()
{
    char a[ ] = "abcdef";
    char * b = "ABCDEF";
    int i;
    for(i = 0;i < 3;i++)
        printf(" % c, % s\n", * a,b + i);
    printf(" ------------------------------ \n");
    for(i = 3;a[ i];i++)
    {
        putchar( * (b + i));
        printf(" % c\n", * (a + i));
    }
}
```

【分析】

（1）掌握字符指针变量的概念及用法。

（2）写出程序的运行结果：

8. 采用指针的方法实现字符串的赋值操作,分析并上机运行程序。

```
#include < stdio.h >
void main( )
{
    char s[ ] = "student";
    char * t = "teacher", * p;
    p = s;
    while( * t!= '\0')
        * p++ = * t++;
    printf(" % s\n",s);
}
```

【分析】

(1) 掌握字符指针变量的运用。

(2) 写出程序的运行结果:

9. 程序填空:输入一行字符(不超过 100 个),统计其中大写字母的个数?

```
#include < stdio.h >
void main( )
{
    int cle = 0;
    char * p,s[101];
    printf("请输入一行字符: ");
    gets(s);
    p = s;
    while(_____)
    {
        if(( * p > = 'A')&&( * p < = 'Z'))
            ++cle;
        _____;
    }
    printf("大写字母个数 = % d\n",_____);
}
```

写出程序的运行结果:

10. 程序填空：判断某字符串中是否有字符'm'，并统计它的个数。

要求：阅读程序，将空格部分补充完整，并上机验证。

```c
#include<stdio.h>
void main()
{
    char *ps,s[25];
    int n=0,i;
    _____;
    printf("input a string:");
    gets(ps);
    for(i=0; *(ps+i)!='\0';i++)
    {
        if(_____)
            n++;
    }
    if(_____)
        printf("There is 'm' in the string , n= %d.\n",n );
    else
        printf("There is no 'm' in the string.\n" );
}
```

写出程序的运行结果：

11. 程序填空：输入两个整数，通过函数 swap 交换这两个整数的值。其中，在 main 函数中输入两个整数，在 main 函数中输出交换后的结果。

```c
#include<stdio.h>
void swap(int *p1,int *p2)
{
    int i;
    i=_____;  _____;  _____;
}
void main()
{
    int n1,n2;
    printf("请输入两个整数:");
    scanf("%d%d",&n1,&n2);
    swap(_____);
    printf("%d, %d\n",n1,n2);
}
```

【分析】

(1) 掌握指针变量作为函数参数的用法。

(2) 写出程序的运行结果：

12. **程序填空**：定义函数 search(int * t,int n,int * a)，实现查找数组中的最小值。

```
#include < stdio. h>
int a[10];
void search( int * t, int n, int * a)
{
    int k,m;
    m = t[0];
    for(k = 1;k < n;k++)
        if(m > t[k])
            _____ ;
    * a = m;
}
void main()
{
    int i,min, * p = _____ ;
    for( i = 0; i < 10; i++)
        scanf(" % d",a + i);
    search(_____ ,p);
    printf("min = % d\n",min);
}
```

【分析】

(1) 掌握指针变量作为函数参数，求最小值的算法

(2) 写出程序的运行结果：

13. **程序填空**：将数组 a 中的 10 个整数按相反顺序存放。

```
#include < stdio. h>
#define N 10
void inv( int * x, int n)            / * 理解掌握本函数的算法 * /
{
    int t,i;
    for( i = 0;i < = (n - 1)/2;i++)
    {
        t = * (x + i);
```

```
                * (x + i) = * (x + n - 1 - i);
                * (x + n - 1 - i) = t;
        }
}
void main()
{
        int i, a[N];
        for(i = 0; i < N; i++)
                scanf(" % d", a + i);
        printf("原序为:\n");
        for(i = 0; i < N; i++)
                printf(" % 6d", a[i]);
        inv(_____);
        printf("\n");
        printf("逆序为:\n");
        for(i = 0; i < N; i++)
                printf(" % 6d", * _____);
        printf("\n");
}
```

写出程序运行结果:

14. 编写程序:输入 $n(n \leqslant 1000)$ 个整数到数组中。编写 max 函数,找出数组中最大元素的值和此元素的下标(设最大值是唯一的)。

要求:在 main 函数中输入数据,并在 main 函数中输出最大值及其下标。分析以下代码,将省略号的部分补充完整,并上机验证。

提示:最大元素的值用 return 语句返回给主调函数,该元素的下标通过指针形参返回给主调函数。

```
#include < stdio. h >
int find_max(int * data, int * pos)
{

    …

}
void main()
```

```
{
    int data[1000];          /* 定义数组的长度为 1000 */
    int i,max,pos,n;
    printf("Please input the num of data:");
    scanf("%d",&n);          /* 输入实际元素的个数 n, n<=1000 */
    for(i=0;i<n;i++)
    {
        scanf("%d",&data[i]);
    }
    /* max 用于存放最大值,pos 用于存放最大值的下标 */
    max=find_max(data,&pos);
    printf("%d,%d",max,pos);
}
```

写出程序的运行结果：

15. 分析并上机运行程序。

```
#include<string.h>
#include<stdio.h>
#include<malloc.h>
void main()
{
    char str1[20],str2[20],str3[20];
    void swap(char * p1,char * p2);
    printf("请输入 3 个字符串:");
    scanf("%s",str1);
    scanf("%s",str2);
    scanf("%s",str3);
    if(strcmp(str1,str2)>0)
        swap(str1,str2);
    if(strcmp(str1,str3)>0)
        swap(str1,str3);
    if(strcmp(str2,str3)>0)
        swap(str2,str3);
    printf("3 个字符串为:\n");
    printf("%s\n%s\n%s\n",str1,str2,str3);
}
void swap(char * p1,char * p2)
{
    char * p;
    p=(char * )malloc(sizeof(char) * 20);    /* malloc 函数:动态分配内存 */
```

```
        strcpy(p,p1);
        strcpy(p1,p2);
        strcpy(p2,p);
        free(p);                    /* free 函数：释放 malloc 函数申请的内存 */
    }
```

【分析】

（1）输入"mcb"、"bcd"、"Kbefr"，分析程序结果：

（2）输入"mcb"、"bcd"、"Kbefr"上机运行程序结果：

（3）本程序的功能是：_____。

16. 编写程序：编写函数 len，求一个字符串的长度。

要求：在 main 函数中输入字符串，并输出其长度。

```
#include < stdio.h >
int len(char * str)
{



}
void main()
{
    char str[1024];
    gets(str);
    printf(" % d",len(str));
}
```

写出程序的运行结果：

17. 编写程序：编写函数 s_copy，实现两个字符串的复制。

要求：在 main 函数中输入一个字符串，并在 main 函数中输出复制后的字符串。

```
#include <stdio.h>
void s_copy(char * str1,char * str2)
{




}
void main()
{
    char str1[1024],str2[1024];
    gets(str1);
    s_copy(str1,str2);
    puts(str2);
}
```

写出程序的运行结果：

18. 编写程序：编写函数 convert，把字符串中的小写字母转换成大写字母。

要求：在 main 函数中输入字符串，并输出转换后的字符串。

```
#include <stdio.h>
void convert(char * p)
{




}
void main()
{
    char str[100];
    gets(str);
    convert(str);
    puts(str);
}
```

写出程序的运行结果：

19. 程序填空：将一个整数字符串转换为一个整数，如"－1234"转换为－1234。

```
#include < stdio. h>
#include < string. h>
void main()
{
    char s[7];
    int n;
    int chnum(char  * p);

    _____
    if(s[0] == ' - ')
        n = - chnum(s + 1);
    else if( * s == ' + ')
            n = chnum(s + 1);
        else
            n = chnum(s);
    printf(" % d\n",n);
}
int chnum(char  * p)
{
    int num = 0,k,len,j;
    len = strlen(p);
    for(;  * p!= '\0' ;p++)
    {
        k = _____
        j = ( -- len);
        while(j > 0)
        {
            k = k * 10;
            j -- ;
        }
        _____
    }
    return(num);
}
```

20. 编写程序：输入一行字符(不超过 1024 个)，统计其中大写字母、小写字母、空格、数字及其他字符分别有多少个?

要求：用字符数组存放输入的字符，用指针对字符数组进行访问。

21. 程序填空：求两个数中的最大值。

```
#include<stdio.h>
int * max(int * x,int * y)
{
    if( * x> * y)
        return _____;
    else
        return _____;
}
void main()
{
    int a,b;
    printf("请输入两个整数 a,b: ");
    scanf(" % d, % d",&a,&b);
    printf("最大值是: % d\n", _____);
}
```

【分析】

（1）掌握指针型函数的定义及用法。

（2）写出程序的运行结果：

22. 分析并上机运行程序。

```
#define  NL  printf("\n");
#include<stdio.h>
void main()
{
    int i,j, * p,a[4][3] = {{1,2,3},{4,5,6},{7,8,9},{10,11,12}};
    printf("\n % d\t % d\t % d\t % d\n",a[0],a[1],a[2],a[3]);
    for(p = a[0] + 2,i = 0;i<10;i++)
    {
        printf(" % 5d", * p++);
    }
    NL
    for (i = 0;i<4;i++)
    {
        printf(" % d", * (a + i));              / * 输出的是地址值 * /
        for (j = 0,p = * (a + i) + j;j<3;j++)
        {
            printf(" % 5d", * p++);
        }
```

```
        NL
    }
}
```

【分析】

（1）掌握二维数组中行地址与列地址的区别。

（2）上机前分析结果：

（3）实际上机运行结果：

23. 分析并上机运行程序。

```
#include < stdio. h >
void main()
{
    void tran(int n, int x[ ]);
    int a[4][4] = {{3,8,9,10},{2,5, − 3,5},{7,0, − 1,4},{2,4,6,0}};
    tran(1, * (a + 0));
    tran(1,a[0]);
    tran(0,a[2]);
    tran(0,&a[2][0]);
}
void tran(int n, int arr[ ])
{
    int i;
    for(i = 0;i < 4;i++)
    {
        printf(" % d,",arr[n * 4 + i]);
    }
    printf("\n");
}
```

【分析】

（1）上机前分析结果：

（2）实际上机运行结果：

24. 分析并上机运行程序。

```
#include < stdio. h>
#define NL printf("\n");
void main()
{
    int a[4][3] = {{1,2,3},{4,5,6},{7,8,9},{10,11,12}};
    int ( * p1)[3],( * p2)[3];
    p1 = a;
    p2 = a;
    NL
    printf("1: % d, % d", * ( * (p1 + 0)), * ( * (p2 + 0)));
    NL
    p1++;
    p2++;
    printf("2: % d, % d", * p1[0], * p2[0]);
    NL
    printf("3: % d, % d", * ( * (p1 + 1) + 2), * ( * (p2 + 1) + 2));
    NL
}
```

【分析】

（1）指针变量在二维数组中的应用。

（2）上机前分析结果：

（3）实际上机运行结果：

25. 程序填空：设有 5 个学生，每个学生考 4 门课，通过程序检查这些学生有无考试不及格的课程。若某一学生有课程成绩不及格，就输出该学生的序号（序号从 0 开始）和其全部课程成绩。

```
#include < stdio.h>
void main()
{
    int score[5][4] = {{62,87,67,95},{95,85,98,73},
                        {66,92,81,69},{78,56,90,99},{60,79,82,89}};
    int ( * p)[4],j,k,flag;
    p = score;
    for(j = 0;j < 5;j++)
    {
        flag = 0;
        for(k = 0;k < 4;k++)
        {
            if( * ( * (p + j) + k)< 60)
            {
                flag = 1;
            }
        }
        if(_____)
        {
            printf("No. % d is fail,scores are :\n",j);
            for (k = 0;k < 4;k++)
            {
                _____
            }
            printf("\n");
        }
    }
}
```

写出程序的运行结果：

1.9 编译预处理

1.9.1 实验目的

1. 掌握宏定义的方法。
2. 掌握文件包含处理方法。
3. 了解条件编译的方法。

1.9.2　实验内容

1. 宏定义的使用,分析并运行程序。

```
#include <stdio.h>
#define ADD(x)    x + 10
void main()
{
    int a = 5;
    int sum = ADD(a) * 2;
    printf("sum = % d\n",sum);
}
```

【分析】

(1) 掌握带参数和不带参数宏定义的使用方法。

(2) 写出程序的运行结果:

2. 分析并运行程序。

```
#include <stdio.h>
#define N 2
#define M N + 1
#define NUM (M + 1) * M/2
void main()
{
    int i,n = 0;
    for(i = 1;i <= NUM;i++)
    {
        n++;
    }
    printf(" % d\n",n);
}
```

【分析】

(1) 理解带参数定义中括号的作用。

(2) 写出程序的运行结果:

3. 程序填空：以下程序，调用宏 EX(x,y)，实现 x 值与 y 值的交换。

```
#include < stdio.h>
#define EX(a,b) a = a + b, _____
void main()
{
    int x = 2, y = 5;
    EX(x, y);
    printf("x = % d, y = % d\n", x, y);
}
```

写出程序运行结果：

4. 条件编译的使用，分析并运行程序。

```
#include < stdio.h>
void main()
{
    int a = 3;
    #define  a  2
    #define  f(b)  a * (b)
    int  c = 3;
    printf(" % d\n", f(c + 1));
    # undef a
    printf(" % d\n", f(c + 1));
    #define a  1
    printf(" % d\n", f(c + 1));
}
```

【分析】

（1）了解条件编译的用法。

（2）写出程序的运行结果：

5. 求数组中的最大元素，完善并运行程序。

```
#define  N  10
#define  TEST  0            /* 第2行 */
#include < stdio.h>
```

```
void main( )
{
    int i,max,a[N];
    #if   TEST
        for (i = 0; i < N; i++)
            a[i] = 10 + i;
    # else
    for (i = 0; i < N;i++)
        scanf(" % d",&a[i]);
    _____
    max = a[0];
    for (i = 1;i < N;i++)
        if (max _____ a[i])
            max = a[i];
    printf("Max = % d\n",max);
}
```

【分析】

（1）写出程序的运行结果：

（2）将程序的第 2 行改为"♯define   TEST   1"，程序运行结果：

6. 分析并运行程序。

```
#include < stdio. h >
void main( )
{
    int a = 10,b = 5,c;
    c = a/b;
    #ifdef   DEBUG                /* 第 6 行 */
        printf("a = % d,b = % d\n",a,b);
    # endif
    printf("c = % d\n",c);
}
```

【分析】

(1) 写出程序的运行结果：

(2) 在主函数前插入一行如下命令。

```
#define DEBUG
```

写出程序的运行结果：

(3) 将程序中第 6 行的" #ifdef"替换成" #ifndef",写出程序的运行结果：

1.10   复杂数据类型

1.10.1   实验目的

1. 掌握结构体类型、共用体和枚举类型的概念,掌握它们的定义形式。
2. 掌握结构体类型和共用体类型变量的定义和变量成员的引用形式。
3. 掌握链表的概念,学会链表的基本操作。
4. 了解内存的动态分配。

1.10.2   实验内容

1. 结构体的运用,分析并运行程序。

```
#include < stdio.h >
#include < string.h >
struct student
{
```

```
        int num;
        char name[20];
        char sex;
        int age;
        float score;
        char addr[30];
    };
void main()
{
        struct student a,b = {12345,"hejin",'m',99,91.50,"chongqing"};
        printf("enter num:");scanf("%d",&a.num);
        printf("enter name:");scanf("%s",a.name);
        printf("enter sex:");scanf("%*c%c",&a.sex);
        printf("enter age:");scanf("%d",&a.age);
        printf("enter score:");scanf("%f",&a.score);
        printf("enter addr:");scanf("%s",a.addr);
        printf("%d %s %c %d %f %s\n",a.num,a.name,a.sex,a.age,a.score,a.addr);
        printf("%d %s %c %d %f %s\n",b.num,b.name,b.sex,b.age,b.score,b.addr);
}
```

【分析】

(1) 掌握结构体类型的定义、输入和输出的方法。

(2) 写出程序运行结果:

2. 结构体数组的运用,分析并运行程序。

```
#include <stdio.h>
#include <string.h>
struct person
{
        char stuno[8];
        char name[10];
        int age;
};
void main()
{
        int i;
        struct person stu[4];
        for(i = 0;i < 4;i++)
        {
                printf("enter %d No.:",i + 1);scanf("%s",&stu[i].stuno);
                printf("enter %d name:",i + 1);scanf("%s",&stu[i].name);
```

```
        printf("enter %d age :",i+1);scanf("%d",&stu[i].age);
        printf("\n");
    }
    printf("\nNo.\t\tName\t\t\tAge\n");
    for(i = 0;i < 4;i++)
        printf("%s\t\t% - 9s\t\t% - d\n",stu[i].stuno,stu[i].name,stu[i].age);
}
```

【分析】

(1) 掌握结构体数组类型的定义、输入和输出方法。

(2) 写出程序运行结果:

3. 程序填空:将表 1.1 所示的数据用结构体变量存放,并将它们输出。

要求:阅读程序,将其补充完整,并上机验证。

表 1.1　数据表

姓　　名	年　　龄	月　　薪
李　明	25	2500
王　丽	22	2300
赵小勇	30	3000

```
#include < stdio.h >
void main()
{
    struct shn{ char * name; int old; int salary; };
    struct shn member1,member2,member3;
    member1.name = "李 明"; member1.old = 25; member1.salary = 2500;
    _____
    _____
    printf("%10s,%2d,%4d 元\n",_____);
    printf("%10s,%2d,%4d 元\n",_____);
    printf("%10s,%2d,%4d 元\n",member3.name,member3.old,member3.salary);
}
```

【分析】

(1) 掌握结构体指针类型的定义、输入和输出方法。

(2) 写出程序的运行结果:

4. 程序填空：已知 3 个人的姓名和年龄，输出 3 个人中年龄最大者的姓名和年龄。
要求：阅读程序，将空格部分补充完整，并上机验证。

```
#include<stdio.h>
typedef struct    /*掌握 typedef 的含义*/
{
    char name[20];
    int age;
}stu;
stu person[]={"li-ming",18, "wang-hua",19, "zhang-ping",20};
void main()
{
    int i,pos;
    pos=0;
    for(i=1;i<3;i++)
    {
        if(person[i].age>_____)
        {
            pos=i;
        }
    }
    printf("%s, %d\n",_____, _____);
}
```

写出程序的运行结果：

5. 编写程序：用结构体变量定义一个学生的信息，包括：学号、姓名、语文成绩、数学成绩、英语成绩。在程序中输入该学生的信息，求出该学生的平均成绩，并输出该学生的全部信息（包括学号、姓名、语文成绩、数学成绩、英语成绩）和平均成绩。
要求：自己设计输出格式，令输出样式清晰、美观。

6. 共用体的运用，分析并运行程序。

```
#include<stdio.h>
void main()
{
    union
    {
```

```
        int a;
        char b;
    }ab;
    ab.a = 97;   ab.b = 'A';
    printf("ab.a = % d,ab.b = % c\n",ab.a,ab.b);
}
```

【分析】

（1）掌握共用体类型的定义、输入和输出方法。

（2）写出程序的运行结果：

7. 阅读以下程序,分析并运行程序。

```
#include < stdio. h>
union myun
{
    struct
    {int x,y,z;} u;
    int k;
}a;
void main( )
{
    a. u. x = 4;
    a. u. y = 5;
    a. u. z = 6;
    a. k = 0;
    printf(" % d\n",a. u. x);
}
```

写出程序的运行结果：

8. 枚举的运用,分析并运行程序。

```
#include < stdio. h>
void main( )
{
    enum num{a, b,c = 21,d,e,f};
    enum num w,x,y,z;
```

```
        w = a;
        x = b;
        y = c;
        z = e;
        printf("w = % d,x = % d,y = % d,z = % d\n",w,x,y,z);
    }
```

【分析】

（1）掌握枚举类型的定义、输入和输出方法。

（2）写出程序的运行结果：

9. 阅读以下程序，分析并运行程序。

```
#include < stdio. h>
enum Season
{
    spring, summer = 100, fall = 96, winter
};
typedef enum
{
    Monday, Tuesday, Wednesday, Thursday, Friday, Saturday, Sunday
}Weekday;
void main()
{
    int x;
    Season mySeason;
    printf(" % d\n",spring);
    printf(" % d,  % c\n",summer,summer);
    printf(" % d \n", fall + winter);
    mySeason = winter;
    if(mySeason == winter)
        printf("mySeason is winter. \n");
    x = 100;
    if(x == summer)
        printf("x is equal to summer. \n");
    Weekday today = Saturday;
    Weekday tomorrow;
    tomorrow = (Weekday)(today + 1);
    printf(" % d\n",tomorrow);
}
```

【分析】

（1）写出程序的运行结果：

（2）将程序中倒数第 2 条语句"tomorrow＝（Weekday）（today＋1）;"改为"tomorrow＝（today＋1）;"，观察编译结果有什么变化？分析其原因。

10. 程序填空：有 5 个学生，每个学生的数据包括学号、姓名、三门课的成绩。从键盘输入 5 个学生数据，要求打印出每个学生三门课的平均成绩，以及最高分的学生的数据（包括学号、姓名、三门课的成绩，平均分数）。

```c
#include <stdio.h>
struct student
{
    char num[6];
    char name[9];
    int score[4];
    float avr;
}stu[5];
void main()
{
    int i,j,max,maxi,sum;
    for (i=0;i<5;i++)                        /*输入*/
    {
        printf("\n 请输入学生 %d 的成绩:\n",i+1);
        printf("学号: ");
        scanf("%s",stu[i].num);
        printf("姓名: ");
        _____
        for(j=0;j<3;j++)
        {
            printf("%d 成绩: ",j+1);
            _____
        }
    }
    /*计算*/
    max=0;
    maxi=0;
    for(i=0;i<5;i++)
    {
        sum=0;
```

```
            for(j = 0;j < 3;j++);
                sum += _____;
            stu[i].avr = _____;
            if(sum > max)
            {
                max = sum;
                maxi = i;
            }
        }
        printf("  学号      姓名     平均分\n");
        for(i = 0;i < 5;i++)
        {
            printf("%8s %10s",stu[i].num,stu[i].name);
            printf("%10.2f\n",stu[i].avr);
        }
        printf("总分最高的学生是:%s,其总分是: %d\n",_____);
    }
```

写出程序的运行结果:

11. 程序填空:定义结构类型,用于记录学生的学号,姓名,出生年、月、日。编写程序。从若干个学生记录中搜索指定学号的学生,并将其信息输出(假定学号是唯一的)。

```
    #include < stdio.h>
    struct stu
    {
        _____
        char name[9];
        int year,month,day;
    }member[3] = {"11103070201","李明",1994,12,14,
            "11103070202","王丽",1994,3,20,
            "11103070203","赵小勇",1993,6,18};
    void main()
    {
        int i;
        char no[12];
        printf("Please input a no:");
        gets(no);
        for(i = 0;i < 3;i++)
        {
            if( _____)
            {
                printf("%s,%s,%d - %d - %d",_____,_____,_____,_____,
        _____);
```

```
            break;
        }
    }
}
```

写出程序的运行结果:

12. 静态链表的建立,处理学生的学号和成绩信息,分析并运行程序。

```c
#include < stdio. h>
#include < stdlib. h>
#define NULL 0
struct student
{
    long num;
    float score;
    struct student * next;
};
void main( )
{
    int i;
    float * t;
    struct student stu[10], * p;
    p = stu;
    t = &stu[0]. score;
    * t = 0;
    for( i = 0;i < = 8;i++)
    {
        printf("enter No. % d:",i + 1);
        scanf(" % ld, % f",&stu[i].num,&stu[i].score);
        stu[i]. next = &stu[i + 1];
    }
    printf("enter No. % d:",i + 1);
    scanf(" % ld, % f",&stu[i].num,&stu[i].score);
    stu[i]. next = NULL;
    do
    {
        printf(" % ld\t % f\n",p -> num,p -> score);
        p = p -> next;
    }while(p!= NULL);
}
```

写出程序的运行结果:

13. 动态链表的建立、插入、删除和输出操作,分析并运行程序。

```c
#define NULL 0
#define LEN sizeof(struct student)
#include < string. h >
#include < stdio. h >
#include < stdlib. h >
struct student
{
    long num;
    int score;
    struct student * next;
};
/ * * * * * * * * * * * * * * 创建链表 * * * * * * * * * * * * * * * * /
struct student * create(void)
{
    struct student * head, * p1, * p2;
    printf("enter link table:(if 0,0 is end)\n");
    p1 = p2 = (struct student * )malloc(LEN);
    scanf(" % ld, % d",&p1 -> num,&p1 -> score);
    if(p1 -> num == 0&&p1 -> score == 0)
        head = NULL;
    else
        head = p1;
    while(p1 -> num!= 0&&p1 -> score!= 0)
    {
        p1 = (struct student * )malloc(LEN);
        scanf(" % ld, % d",&p1 -> num,&p1 -> score);
        if(p1 -> num == 0&&p1 -> score == 0)
            break;
        else
        {
            p2 -> next = p1;
            p2 = p1;
        }
    }
    p2 -> next = NULL;
    return(head);
}
/ * * * * * * * * * * * * * * 打印链表 * * * * * * * * * * * * * * * * /
void print(struct student * head)
{
```

```
        struct student  * p;
        printf("\n print link table is:\n");
        p = head;
        if(head!= NULL)
        do
        {
            printf(" % ld\t  % d\n",p - > num,p - > score);
            p = p - > next;
        }while(p!= NULL);
}
/ * * * * * * * * * * * * * * 删除结点 * * * * * * * * * * * * * * * * /
struct student  * del(struct student  * head,long n)
 {
        struct student  * p1,  * p2;
        p1 = head;
        if(head == NULL)
        {
            printf("link table is void!");
            return(head);
        }
        if(p1 - > num == n)
            return(p1 - > next);
        while(p1 - > num!= n&&p1 - > next!= NULL)
        {
            p2 = p1;
            p1 = p1 - > next;
        }
        if(p1 - > num == n)
        {
            p2 - > next = p1 - > next;
            printf(" % ld is found! already deleted it\n",n);
        }
        else
            printf(" % ld is not found!",n);
        return(head);
 }
/ * * * * * * * * * * * * * * 插入结点 * * * * * * * * * * * * * * * * /
struct student  * insert(struct student  * head,struct student  * stu)
{
        struct student  * p0,  * p1,  * p2;
        p1 = head;
        p0 = stu;
        if(head == NULL)
        {
            head = p0;
            p0 - > next = NULL;
            return(head);
        }
        if(p0 - > num < = p1 - > num)
```

```
        {
            head = p0;
            p0 -> next = p1;
        }
        while(p0 -> num > p1 -> num&&p1 -> next!= NULL)
        {
            p2 = p1;
            p1 = p1 -> next;
        }
        if(p0 -> num < = p1 -> num)
        {
            p2 -> next = p0;
            p0 -> next = p1;
        }
        else
        {
            p1 -> next = p0;
            p0 -> next = NULL;
        }
        return(head);
    }
void main()
{
    struct student  * p, * stu;
    long num = 1;
    p = create();
    print(p);
     / * 以下是删除操作 * /
    do
    {
        printf("enter delete num (enter 0 exit):");
        scanf(" % ld",&num);
        if(num == 0 || p == NULL)
            break;
        p = del(p,num);
        print(p);
    }while(1);
    / * 以下是插入操作 * /
    printf("enter New link:\n");
    scanf(" % ld, % d",&stu -> num,&stu -> score);
    p = insert(p,stu);
    print(p);
}
```

写出程序的运行结果：

1.11 文件

1.11.1 实验目的

1. 掌握文件、缓冲文件系统和文件结构体指针的概念。
2. 掌握文件操作的具体步骤。
3. 学会使用文件打开、关闭、读、写等文件操作函数。
4. 学会用缓冲文件系统对文件进行简单的操作。

1.11.2 实验内容

1. 下列程序中文本文件 myfile. txt 的内容为"STUDENT!",分析并运行程序。

```
#include < stdio. h >
void main()
{
    FILE * fp;
    char str[40];
    fp = fopen("myfile. txt","r");
    fgets(str,5,fp);
    printf(" % s\n",str);
    fclose(fp);
}
```

【分析】

(1) 掌握文件的打开和关闭操作。

(2) 掌握文件有关的函数操作。

(3) 写出程序的运行结果:

2. 将键盘输入的字符存储到文件中,以"♯"号作为结束,分析并运行程序。

```
#include < stdio. h >
#include < stdlib. h >
void main()
{
    FILE * fp;
    char ch,filename[10];
    printf("Please input filename:");
```

```
        scanf(" % s",filename);
        if((fp = fopen(filename,"w")) == NULL)
        {
            printf("cannot open file\n");
            exit(0);
        }
        printf("Please input string:");
        ch = getchar();
        while(ch!= ' # ')
        {
            fputc(ch,fp);
            putchar(ch);
            ch = getchar();
        }
        fclose(fp);
    }
```

写出程序的运行结果：

3. 程序填空：从键盘输入 10 个字符，将其全部输出到一个磁盘文件"data. dat"中保存起来。

```
#include < stdio. h>
#include < stdlib. h>
void main()
{
    FILE  * fp;
    int num;
    int i = 0;
    if((fp = _____) == NULL)
    {
        printf("打不开文件 \n");
        exit(0);
    }
    while(i < = 9)
    {
        _____        / * 输入一个整数到 num 中 * /
        fprintf(fp," % d",num);
        i++;
    }
    _____

}
```

写出程序的运行结果：

4. 把一个文件的内容复制到另外的文件中，分析并运行程序。

```c
#include < stdio. h>
#include < stdlib. h>
void main()
{
    FILE * in, * out;
    char ch, infile[10],outfile[10];
    printf("Please enter the infile name:\n");
    scanf(" % s",infile);
    printf("Please enter the outfile name:\n");
    scanf(" % s",outfile);
    if ((in = fopen(infile, "r")) == NULL)
    {
        printf("Cannot open infile.\n");
        exit(0);
    }
    if ((out = fopen(outfile, "w")) == NULL)
    {
        printf("Cannot open outfile.\n");
        exit(0);
    }
    while (!feof(in))
        fputc(fgetc(in), out);
    fclose(in);
    fclose(out);
}
```

程序的运行结果：

5. 程序填空：从已经建立好的磁盘文件"exe. txt"中读取若干个整数，将读出的整数输出在显示器上，每行输出 10 个整数。

```c
#include < stdio. h>
#include < stdlib. h>
void main()
{
```

```
        FILE * fp;
        int num;
        int i = 0;
        if((fp = _____ ) == NULL)
        {
            printf("打不开文件 \n");
            exit(0);
        }
        while(!feof(fp))
        {
            _____          / * 从文件中读入一个整数到 num 中 * /
            printf(" % d ",num);
            i++;
            if(i == 5)
                putchar('\n');
        }
        _____

    }
```

写出程序的运行结果：

6. 程序填空：从键盘输入一个字符串(不超过 99 个字符)，将其中的小写字母全部转换成大写字母，然后将这些大写字母输出到一个磁盘文件"test. dat"中保存起来。

```
    #include < stdio. h >
    #include < stdlib. h >
    void main()
    {
        FILE * fp;
        char str[100];
        int i = 0;
        if((fp = _____ ) == NULL)
        {
            printf("打不开文件 \n");
            exit(0);
        }
        printf("输入一个字符串: \n");
        _____
        while(str[i]!= '\0')
        {
            if(str[i]> = 'a'&&str[i]< = 'z')
            {
```

```
            }
        fputc(str[i],fp);
        i++;
    }
    _____
}
```

写出程序的运行结果：

7. 将键盘输入的个人信息存储到结构体中,再将结构体的数据写入到二进制文件中, 再将文件的内容存储到结构体中,并输出到屏幕。

```
#include < stdio. h >
#define SIZE 2
struct student_type
{    char name[10];
     int num;
     int age;
     char addr[15];
}stud[SIZE];
void save()
{
    FILE * fp;
    int  i;
    if((fp = fopen("d:\stu_dat","wb")) == NULL)
    {
        printf("cannot open file\n");
        return;
    }
    for(i = 0;i < SIZE;i++)
        if(fwrite(&stud[i],sizeof(struct student_type),1,fp)!= 1)
            printf("file write error\n");
    fclose(fp);
}
void display()
{
    FILE * fp;
     int  i;
     if((fp = fopen("d:\stu_dat","rb")) == NULL)
     {
         printf("cannot open file\n");
         return;
```

```
        }
        for(i = 0;i < SIZE;i++)
        {
            fread(&stud[i],sizeof(struct student_type),1,fp);
            printf(" % - 10s % 4d % 4d % - 15s\n",stud[i].name,
                                    stud[i].num,stud[i].age,stud[i].addr);
        }
        fclose(fp);
    }
    void main()
    {
        int i;
        for(i = 0;i < SIZE;i++)
        scanf(" % s % d % d % s",stud[i].name,&stud[i].num,&stud[i].age,stud[i].addr);
        save();
        display();
    }
```

写出程序运行的结果：

第 2 部分　课　程　设　计

　　课程设计是 C 语言程序设计课程的重要实践教学环节,是在指导教师的指导下,对学生进行阶段性的专业技术训练。目的在于培养学生独立分析问题和解决问题的能力,为学生提供一个动手、动脑、独立实践的机会。此部分的课程设计将课本上的理论知识和实际应用问题有机地结合起来,以提高学生程序设计、调试等项目开发能力,从而培养学生综合运用所学理论知识、分析和解决实际问题的能力,锻炼学生独立工作和协作能力。

2.1　课程设计的目的和任务

　　C 语言课程设计的目的和任务主要有以下几点。
　　(1) 巩固和加深对 C 语言课程基本知识的理解和掌握。
　　(2) 熟练掌握 C 语言编程和程序调试的技术,并能够在实践中灵活运用。
　　(3) 熟练掌握利用 C 语言进行综合性的软件设计的方法。
　　(4) 理解软件设计中的需求分析、系统设计、系统测试等各环节的基本任务。
　　(5) 熟练掌握软件设计说明文档的书写方法。
　　(6) 培养解决综合性的、实际问题的能力、资料的收集和整理能力,以及口头表达能力。

2.2　课程设计的内容

　　课程设计的内容主要分为以下几个阶段。
　　(1) 资料查阅与方案制定阶段。在资料查阅的基础上,学生对所选课题进行功能分析与设计,确定方案。
　　(2) 编码与调试阶段。学生在指导教师的指导下独立完成程序的编码和调试,指导教师应实时考察学生的实际编码与调试能力。
　　(3) 设计报告撰写阶段。学生根据规定的格式要求撰写课程设计报告。
　　(4) 答辩与考核阶段。答辩既可以直接在机房中进行实际操作与调试,也可以采用语言表达的方式进行。课程设计结束后,指导教师根据每一学生的表现及能力进行综合评价。评价的等级一般分为优、良、中、及格、不及格五类。评价的参考指标包括系统、文档、答辩情况和综合能力 4 个方面,如表 2.1 所示。

表 2.1　课程设计评价指标体系

系　　统	文　　档	答 辩 情 况	综 合 能 力
具体要求　1. 系统功能的完善度 2. 系统界面设计是否合理 3. 系统算法的效率 4. 代码的规范性	1. 文档内容是否具有完整性和可靠性 2. 文字表达是否流畅 3. 文档是否规范	1. 系统演示是否流畅 2. 表述是否清晰、准确 3. 准备是否充分	1. 独立分析问题的能力 2. 协作的能力 3. 收集、整理资料的能力

以上只是课程设计评价的基本指标体系,指导教师可结合学生实际情况,适当增加评价指标,对各评价指标的具体要求及评分比例,也可酌情自行决定,以便更加客观和全面地进行评价。

在课程设计开始前,指导教师应将详细的评价指标体系向学生发布并进行解释,以使学生对课程设计的要求理解得更加清晰和准确,以便课程设计顺利展开。

2.3　课程设计的基本要求

1. 要求利用 C 语言面向过程的编程思想来完成系统的设计。
2. 突出 C 语言的函数特征。
3. 绘制功能模块图。
4. 对选定题目完成以下几部分内容:
(1) 功能需求分析。
(2) 总体设计。
(3) 详细设计。
(4) 编码与测试。
(5) 撰写设计文档。
5. 具有清晰的数据结构的详细定义。

2.4　课程设计题目

以下是《C 程序设计基础》课程设计的一些参考题目,在课程设计开始前,学生在教师的指导下,根据自身情况自主选择 1~2 个题目来完成课程设计。

【题目 1】　通讯录管理系统。

设计并实现一个通讯录管理系统。通讯录中可以记录若干联系人的信息。联系人信息包括编号、姓名、出生年月日、单位、办公电话、手机号、类型(家人、朋友、同学、同事)等。系统应包括如下功能。

(1) 系统以菜单方式工作:要求界面清晰、友好、美观、易用。
(2) 通讯录信息导入功能:要求可从磁盘文件导入通讯录的信息。
(3) 信息浏览功能:能输出所有联系人的信息;要求输出格式清晰、美观。
(4) 查询功能:可按类型或姓名查找某一联系人的信息;并将查询结果输出。
(5) 信息提醒:进入系统时,若是某联系人的生日,提供生日提醒的功能。

（6）联系人信息删除：要求能够删除某一指定联系人的信息，并在删除后将联系人信息存盘。

（7）联系人信息修改：要求能够修改某一指定联系人的信息，并在修改后将联系人信息存盘。

【题目2】 学生籍贯信息管理系统。

编制一个学生籍贯信息管理系统，用于记录每个学生的籍贯信息，包括学号、姓名、出生年月日、籍贯、联系电话等。系统能实现以下功能。

（1）系统以菜单方式工作：要求界面清晰、友好、美观、易用。

（2）籍贯信息导入功能：要求可从磁盘文件导入学生籍贯的信息。

（3）信息浏览功能：能输出所有学生的籍贯信息；要求输出格式清晰、美观。

（4）查询功能：可按学号、姓名或籍贯查询学生信息；并将查询结果输出到磁盘文件。

（5）统计：统计并输出学生人数排名前3位的籍贯地区。

（6）信息删除：要求能够删除某一指定学生的信息，并在删除后将学生信息存盘。

（7）信息修改：要求能够修改某一指定学生的信息，并在修改后将学生信息存盘。

【题目3】 学生成绩管理系统。

编制一个成绩信息管理系统。每个学生信息包括学号、姓名、C语言成绩、高数成绩、英语成绩等。系统能实现以下功能。

（1）系统以菜单方式工作：要求界面清晰、友好、美观、易用。

（2）成绩信息导入功能：要求可从磁盘文件导入学生成绩的信息。

（3）信息浏览功能：能输出所有成绩的信息；要求输出格式清晰、美观。

（4）查询功能：可按学号或姓名查找某一学生的成绩信息；并将查询结果输出。

（5）统计功能：按分数段显示学生信息，可将分数段分为60分以下、60～79分、80～89分、90分以上。

（6）信息删除：要求能够删除某一指定学生的信息，并在删除后将学生信息存盘。

（7）信息修改：要求能够修改某一指定学生的信息，并在修改后将学生信息存盘。

【题目4】 教室信息管理系统。

设计并实现一个教室信息管理系统。教室的信息包括教室编号（如6B202）、教室座位数、类型（多媒体或普通）、投影设备名称、计算机型号、是否可用、管理人等。系统应实现以下功能。

（1）系统以菜单方式工作：要求界面清晰、友好、美观、易用。

（2）信息导入功能：要求可从磁盘文件导入教室的信息。

（3）查询：能根据教室编号、类型、是否可用、管理人对信息进行查询（提供3种查询方式）；显示查询的结果。

（4）统计：统计出多媒体教室和普通教室的数量，及每种教室座位数的总容量。

（5）教室信息修改：输入教室编号，对该指定的教室信息进行修改，并在修改后实现信息存盘。

（6）教室分配：查询可用的教室，将该教室分配给任课教师（设为不可用），同时实现信息存盘。

（7）教室回收：将指定教室回收（设为可用），同时实现信息存盘。

86

【题目5】 职工信息管理系统。

设计并实现一个职工信息管理系统。其中,职工的信息包括职工号(职工号不重复)、姓名、性别、出生年月日、学历、工资、家庭住址、电话等。系统应包含如下基本功能。

(1) 系统以菜单方式工作:要求界面清晰、友好、美观、易用。

(2) 职工信息导入功能:要求可从磁盘文件导入职工信息。

(3) 职工信息浏览功能:能输出所有职工的信息,要求输出格式清晰、美观。

(4) 查询功能:可按职工号或学历进行查询,并将查询结果输出。

(5) 排序功能:可按出生年或其他方式排序(至少能按某一种属性进行排序),并将排序结果输出。

(6) 职工信息删除:要求能够删除某一指定职工的信息,并在删除后将职工信息存盘。

(7) 职工信息修改:要求能够修改某一指定职工的信息,并在修改后将职工信息存盘。

【题目6】 车辆交通违章管理系统。

设计并实现一个车辆交通违章管理系统。其中,车辆的信息包括编号、车牌号、车主姓名、性别、违章时间(年、月、日、时)、地点、违章情况、处罚情况等。系统实现的功能如下。

(1) 系统以菜单方式工作:要求界面清晰、友好、美观、易用。

(2) 信息导入功能:可从磁盘文件导入车辆违章的信息。

(3) 查询:能按车牌号、日期(年、月、日)查找所有违章记录;显示查询结果。

(4) 信息修改:输入车牌号,对相应的违章信息进行修改,并在修改后实现信息存盘。

(5) 信息删除:输入车牌号,对相应的违章信息进行删除,并在删除后实现信息存盘。

(6) 信息添加:可添加新的违章信息,添加信息后如某车主违章信息已达到5条,报警,并将该车主的信息输出至另外的磁盘文件。并在添加信息后实现信息存盘。

(7) 数据分析:搜索违章最频繁的前10个地点。

【题目7】 图书信息管理系统。

设计并实现一个图书信息管理系统。图书信息包括编号、书名、作者名、图书分类号、出版单位、出版时间、单价等。该系统实现以下功能。

(1) 系统以菜单方式工作:要求界面清晰、友好、美观、易用。

(2) 图书信息导入功能:可从磁盘文件导入图书的信息。

(3) 浏览:能显示所有图书的信息,显示格式清晰、美观。

(4) 图书信息添加:可添加新的图书信息,并在添加信息后实现信息存盘。

(5) 图书信息修改:输入图书编号,对相应的图书进行修改,并在修改后实现信息存盘。

(6) 图书信息删除:输入图书编号,对相应的图书进行删除,并在删除后实现信息存盘。

下面是一些备选题目,可供学生选择,具体功能可参考题目1~7的系统实现要求由学生自己来设计。

【题目8】 车票销售管理系统。

【题目9】 航班信息查询系统。

【题目10】 工资管理系统。

【题目11】 家庭财务管理系统。

【题目 12】 五子棋游戏设计。

【题目 13】 贪吃蛇游戏设计。

【题目 14】 推箱子游戏设计。

【题目 15】 俄罗斯方块游戏设计。

2.5 通讯录管理系统

2.5.1 需求分析

本通讯录管理系统采用 Visual C++6.0 作为开发环境,处理对象为学生(即联系人),主要功能是对学生信息进行录入、删除、查找、修改、显示输出等。本系统给用户提供一个简易的操作界面,以便根据提示输入操作项,调用相应函数来完成系统提供的各项管理功能。主要功能描述如下。

1. 人机操控平台

用户通过选择不同选项来操作系统,包括退出系统、增加联系人信息、删除联系人、查找联系人、修改联系人信息、输出联系人信息以及查看系统开发者信息等。

2. 增加联系人信息

用户根据提示输入学生的学号、姓名、性别、出生日期、手机号码、QQ 号码、E-mail、联系地址等信息。本系统一次只录入一个联系人信息,当需要录入多个学生信息时,可采用多次添加方式。

3. 删除联系人

根据系统提示,用户输入要删除学生的学号,系统根据用户的输入进行查找,若没有查找到相关记录,则提示"此联系人不存在";否则,系统将直接删除该联系人的全部信息。

4. 查找联系人

本系统提供两种查找联系人的方式,即按学号查找和按姓名查找。用户根据系统提示选择相应的查找方式,若选择按学号查找,则需要输入相应学生的学号以完成信息查找;若选择按姓名查找,则需要输入相应学生的姓名以完成信息查找。系统中若存在待查找的联系人,则输出该联系人的信息;否则提示"此联系人不存在"。

5. 修改联系人

根据系统提示,用户输入待修改联系人的学号,若没有查到相关记录,则提示"此联系人不存在";否则提示用户逐一输入修改后的姓名、性别、出生日期、手机号码、QQ 号码、E-mail、联系地址等信息。

6. 输出联系人信息

若系统中存在联系人记录,则逐一输出所有联系人信息;否则输出"通讯录中无联系人记录"。

2.5.2 模块设计

本通讯录管理系统功能模块图如图 2.1 所示,共包括 7 个模块:退出系统、增加联系人、删除联系人、查找联系人、修改联系人、输出联系人及关于作者。为了提高程序设计效率,本系统采用单链表实现所有操作。

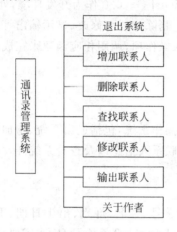

图 2.1 通讯录管理系统模块图

1. 退出系统

首先将单链表中所有联系人信息保存至磁盘文件中,然后释放所有内存空间,退出系统。

2. 增加联系人

调用输入函数 AddStu()将用户输入的联系人信息存入单链表中,以实现增加联系人的操作。

3. 删除联系人

用户根据系统提示输入要删除的联系人学号,然后系统判断该联系人记录是否存在,若不存在则给出提示信息,否则将此联系人从单链表中删除,删除联系人的操作由函数 DeleteStu()来实现。

4. 查找联系人

提示用户选择查找方式:按学号查找和按姓名查找。当选用按学号查找时,提示用户输入学号,若该联系人不存在则给出提示信息,否则完成按学号查找功能;当选用按姓名查找时,提示用户输入姓名,若该联系人不存在则给出提示信息,否则完成按姓名查找功能。查找联系人的整个操作由函数 SearchStu() 来实现,按学号查找功能由函数 SearchStuID() 来实现,按姓名查找功能由函数 SearchStuName() 来实现。

5. 修改联系人

提示用户输入学号,并查找此联系人信息,若查找不成功则给出提示信息,否则根据用户输入的新信息更新联系人信息。修改联系人操作由函数 UpdateStu() 来实现。

6. 输出联系人

若系统中无联系人记录,则输出提示信息,否则输出所有联系人信息。输出联系人操作由函数 OutputStu() 来实现。

7. 关于作者

此模块用于提供系统开发者相关信息,以便读者与作者进一步交流。

2.5.3 程序操作流程

本系统的操作应从人机交互界面的菜单选择开始,用户应输入 0~6 之间的数值选择要进行的操作,输入其他符号系统将提示输入错误的提示信息。若用户输入"0",则调用函数 Exit() 退出系统;若用户输入"1",则调用函数 AddStu() 进行联系人输入操作;若用户输入"2",则调用函数 DeleteStu() 进行联系人删除操作;若用户输入"3",则调用函数 SearchStu() 进行联系人查找操作;若用户输入"4",则调用函数 UpdateStu() 进行联系人修改操作;若用户输入"5",则调用函数 OutputStu() 进行所有联系人输出操作;若用户输入"6",则调用函数 About() 输出作者信息。本通讯录管理系统的操作流程如图 2.2 所示。

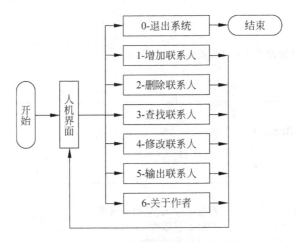

图 2.2 通讯录管理系统操作流程图

2.5.4　系统实现

本程序主要由 3 个文件构成：book. txt、main. c 和 AddressBook. h。文件 book. txt 用于存储联系人信息；文件 main. c 主要包括主函数等信息；文件 AddressBook. h 包括文件包含、宏定义、结构体定义、函数声明、函数定义等信息。

1. 文件 book. txt

book. txt 文件与源程序位于同一目录下，用于存储联系人信息。所存储的联系人信息依次为学号、姓名、性别、出生日期、手机号码、QQ 号码、E-mail 和联系地址。图 2.3 所示为存储联系人信息的文件 book. txt 示意图。

图 2.3　存储联系人信息的文件 book. txt 示意图

2. 文件 main. c

```
#include "AddressBook.h"

void  main()
{
    //调用通讯录管理系统人机界面操作函数
    ShowMenu();
}
```

3. 文件 AddressBook. h

（1）预处理：

```
//文件包含
#include <stdio.h>         //标准输入/输出函数库
#include <stdlib.h>        //标准函数库
#include <string.h>        //字符串函数库
#include <conio.h>         //控制台输入/输出函数库
```

```
//联系人信息长度宏定义
#define    MAX_ID       12        //学号最大长度
#define    MAX_NAME     11        //姓名最大长度
#define    MAX_SEX      3         //性别最大长度
#define    MAX_BIRTH    11        //出生年月日最大长度
#define    MAX_TEL      12        //手机号码最大长度
#define    MAX_QQ       10        //QQ号码最大长度
#define    MAX_EMAIL    51        //电子邮箱最大长度
#define    MAX_ADDR     101       //地址最大长度

//系统菜单选项宏定义
#define    EXIT         0         //退出系统
#define    INPUT        1         //增加联系人
#define    DELETE       2         //删除联系人
#define    SEARCH       3         //查找联系人
#define    UPDATE       4         //更新联系人
#define    OUTPUT       5         //输出联系人
#define    ABOUT        6         //关于作者

//联系人查找方式宏定义
#define    SEARCH_ID    1         //按学号查找
#define    SEARCH_NAME  2         //按姓名查找
```

（2）数据类型定义：

```
//联系人信息结构体
typedef struct _StuInfo
{
    char   id[MAX_ID];           //学号 — 联系人唯一标识
    char   name[MAX_NAME];       //姓名 — 最长为 5 个汉字
    char   sex[MAX_SEX];         //性别 — '男'或'女'
    char   birth[MAX_BIRTH];     //出生日期—如 1984 - 01 - 10
    char   tel[MAX_TEL];         //手机号码
    char   qq[MAX_QQ];           //QQ号码
    char   email[MAX_EMAIL];     //电子邮箱
    char   addr[MAX_ADDR];       //联系地址
}StuInfo;

//联系人单链表结构体
typedef  struct  _StuNode        //链表结点
{
    StuInfo  stu ;
    struct  _StuNode  * next;
}StuNode;
typedef  StuNode *  StuList;     //链表
```

（3）全局变量定义和函数声明：

```
//全局变量定义,用于保存所有联系人信息的单链表
StuList   book = NULL;            //初始化链表为空

//人机界面操作函数列表
void   ShowMenu();               //人机界面函数
void   AddStu();                 //增加联系人
void   DeleteStu();              //删除联系人
void   SearchStu();              //查找并显示联系人信息
void   SearchStuID();            //按学号查找
void   SearchStuName();          //按姓名查找
void   UpdateStu();              //修改联系人信息
void   OutputStu();              //显示所有联系人信息
void   Exit();                   //退出通讯录系统
void   About();                  //作者信息

//辅助函数列表
void   ReadFile();               //从文件读出联系人信息
void   WriteFile();              //将联系人信息写入文件
//查找联系人在通讯录中是否已经存在,存在返回 1,不存在返回 0
int   FindStu(char * id);
```

（4）人机界面函数定义：

```
void   ShowMenu()
{
    int typeID = 0;
    ReadFile();                //启动程序前从文件 book.txt 读出通讯录中联系人信息

    while(1)
    {
        system("cls");    //清屏(清除屏幕之前显示内容)
        printf("****************************** \n");
        printf(" *         通讯录管理系统              * \n");
        printf("****************************** \n");
        printf(" *        0 - 退出系统                 * \n");
        printf(" *        1 - 增加联系人               * \n");
        printf(" *        2 - 删除联系人               * \n");
        printf(" *        3 - 查找联系人               * \n");
        printf(" *        4 - 修改联系人               * \n");
        printf(" *        5 - 输出联系人               * \n");
        printf(" *        6 - 关于作者                 * \n");
        printf("****************************** \n");
        printf("->请选择操作: ");
        scanf("% d", &typeID);
```

```
            if(typeID == EXIT)
            {
                WriteFile();          //程序退出前将联系人信息写入文件
                Exit();               //退出系统
                break;
            }
            switch(typeID)
            {
            case INPUT:
                system("cls");
                AddStu();             //增加联系人
                system("pause");      //程序暂停
                break;
            case DELETE:
                system("cls");
                DeleteStu();          //删除联系人
                system("pause");
                break;
            case SEARCH:
                SearchStu();          //查找联系人
                break;
            case UPDATE:
                system("cls");
                UpdateStu();          //更新联系人
                system("pause");
                break;
            case OUTPUT:
                system("cls");
                OutputStu();          //输出所有联系人
                system("pause");
                break;
            case ABOUT:
                system("cls");
                About();              //作者信息
                system("pause");
                break;
            default:
                printf("输入有误!\n");
                system("pause");
                break;
            }
        }
    }
```

（5）增加联系人函数定义：

```
void  AddStu()
{
    //分配存储空间
    StuNode  * p = (StuNode * )malloc(sizeof(StuNode));
    printf("********************************* \n");
    printf("**          请输入联系人信息           **\n");
    printf("@请输入学号(最大长度为%d个字符)\n->", MAX_ID - 1);
    scanf(" % s", p - > stu. id);
    while(FindStu(p - > stu. id) == 1)
    {
        printf("@此联系人已经存在,请重新输入\n->");
        scanf(" % s", p - > stu. id);
    }
    printf("@请输入姓名(最大长度为%d个字符)\n->", MAX_NAME - 1);
    scanf(" % s", p - > stu. name);
    printf("@请输入性别('男'或'女')\n->");
    scanf(" % s", p - > stu. sex);
    printf("@请输入出生日期(格式为 1984 - 01 - 10)\n->");
    scanf(" % s", p - > stu. birth);
    printf("@请输入手机号码\n->");
    scanf(" % s", p - > stu. tel);
    printf("@请输入 QQ 号码\n->");
    scanf(" % s", p - > stu. qq);
    printf("@请输入 Email(最大长度为%d个字符)\n->", MAX_EMAIL - 1);
    scanf(" % s", p - > stu. email);
    printf("@请输入联系地址(最大长度为%d个字符)\n->", MAX_ADDR - 1);
    scanf(" % s", p - > stu. addr);
    p - > next = book;
    book = p;
    printf("**          联系人添加成功!              ** \n");
    printf("********************************* \n");
}
```

（6）删除联系人函数定义：

```
void  DeleteStu()
{
    StuNode  * pre = book;        //前一结点
    StuNode  * p  = book;        //当前结点
    char  id[MAX_ID];
    printf("*************************** \n");
    printf("** 请输入要删除联系人的学号: \n->");
    scanf(" % s", id);

    while(p)                    //查找待删除结点
    {
        if(strcmp(p - > stu. id, id) == 0)
```

```
                break;
            pre = p;
            p = p->next;
        }
        if(!p)
            printf(" **     此联系人不存在!     ** \n");
        else
        {
            if(p == book) book = p->next;
            else pre->next = p->next;
            free(p);
            printf(" **       删除成功!          ** \n");
        }
        printf(" *************************** \n");
}
```

(7) 查找联系人信息函数定义:

```
void  SearchStu()
{
    int  type,  flag = 1;
    while(flag)
    {
        system("cls");
        printf(" *************************** \n");
        printf(" *       1 - 按学号查找         * \n");
        printf(" *       2 - 按姓名查找         * \n");
        printf(" *************************** \n");
        printf("->选择查找方式: ");
        scanf(" %d", &type);
        switch(type)
        {
        case  SEARCH_ID:
            system("cls");
            SearchStuID();          //按学号查找
            flag = 0;
            break;
        case  SEARCH_NAME:
            system("cls");
            SearchStuName();  //按姓名查找
            flag = 0;
            break;
        default:
            printf("输入有误!\n");
            break;
        }
        system("pause");
    }
}
```

(8) 按学号查找函数定义：

```
void  SearchStuID()
{
    StuNode  * p = book;
    char   id[MAX_ID];
    printf(" **************************** \n");
    printf(" ** 请输入要查找联系人的学号: \n->");
    scanf(" % s", id);

    while(p)          //检查待查找联系人是否存在
    {
        if(strcmp(p -> stu. id, id) == 0)
            break;
        p = p -> next;
    }
    if(!p)
    {
        printf(" **     此联系人不存在!        ** \n");
        printf(" **************************** \n");
    }
    else           //待查找联系人存在则输出信息
    {
        printf(" **************************** \n");
        printf(" *        联系人信息          * \n");
        printf(" **************************** \n");
        printf(" $ 学    号 : % s\n",  p -> stu. id);
        printf(" $ 姓    名 : % s\n",  p -> stu. name);
        printf(" $ 性    别 : % s\n",  p -> stu. sex);
        printf(" $ 出生日期: % s\n",  p -> stu. birth);
        printf(" $ 手机号码: % s\n",  p -> stu. tel);
        printf(" $ QQ 号码 : % s\n", p -> stu. qq);
        printf(" $ Email   : % s\n",  p -> stu. email);
        printf(" $ 联系地址: % s\n",  p -> stu. addr);
        printf(" **************************** \n");
    }
}
```

(9) 按姓名查找函数定义：

```
void  SearchStuName()
{
    StuNode  * p = book;
    char   name[MAX_NAME];
    printf(" **************************** \n");
    printf(" ** 请输入要查找联系人的姓名: \n->");
    scanf(" % s", name);
```

```
    while(p)          //检查待查找联系人是否存在
    {
        if(strcmp(p->stu.name, name) == 0)
            break;
        p = p->next;
    }
    if(!p)
    {
        printf("**      此联系人不存在!          **\n");
        printf("****************************\n");
    }
    else              //待查找联系人存在则输出信息
    {
        printf("****************************\n");
        printf("*          联系人信息        *\n");
        printf("****************************\n");
        printf("$学    号：%s\n",  p->stu.id);
        printf("$姓    名：%s\n",  p->stu.name);
        printf("$性    别：%s\n",  p->stu.sex);
        printf("$出生日期：%s\n",  p->stu.birth);
        printf("$手机号码：%s\n",  p->stu.tel);
        printf("$QQ号码：%s\n",  p->stu.qq);
        printf("$Email   ：%s\n",  p->stu.email);
        printf("$联系地址：%s\n",  p->stu.addr);
        printf("****************************\n");
    }
}
```

（10）修改联系人信息函数定义：

```
void  UpdateStu()
{
    StuNode   *p = book;
    char   id[MAX_ID];
    printf("****************************\n");
    printf("** 请输入要更新联系人的学号：\n->");
    scanf("%s", id);

    while(p)  //查找待修改结点
    {
        if(strcmp(p->stu.id, id) == 0)
            break;
        p = p->next;
    }
    if(!p)
    {
```

```
        printf(" **     此联系人不存在!          ** \n");
        printf(" *************************** \n");
    }
    else
    {
        printf(" - $ 原姓名: % s\n", p-> stu. name);
        printf(" ->新姓名: ");
        scanf(" % s",  p-> stu. name);
        printf(" - $ 原性别: % s\n", p-> stu. sex);
        printf(" ->新性别: ");
        scanf(" % s",  p-> stu. sex);
        printf(" - $ 原出生日期: % s\n",  p-> stu. birth);
        printf(" ->新出生日期: ");
        scanf(" % s",  p-> stu. birth);
        printf(" - $ 原手机号码: % s\n",  p-> stu. tel);
        printf(" ->新手机号码: ");
        scanf(" % s",  p-> stu. tel);
        printf(" - $ 原 QQ 号码: % s\n",  p-> stu. qq);
        printf(" ->新 QQ 号码: ");
        scanf(" % s",  p-> stu. qq);
        printf(" - $ 原 Email: % s\n",  p-> stu. email);
        printf(" ->新 Email: ");
        scanf(" % s",  p-> stu. email);
        printf(" - $ 原联系地址: % s\n",  p-> stu. addr);
        printf(" ->新联系地址: ");
        scanf(" % s",  p-> stu. addr);
        printf(" **       修改成功!            ** \n");
        printf(" *************************** \n");
    }
}
```

（11）显示所有联系人信息函数定义：

```
void  OutputStu()
{
    int  i = 0;
    StuNode  *p = book;
    if(!p)  //链表为空
    {
        printf(" *************************** \n");
        printf(" **   通讯录中无联系人记录!      ** \n");
        printf(" *************************** \n");
        return;
    }
    while(p)
```

```
        {
            printf(" *************************** \n");
            printf(" *       联系人 %d 信息      * \n",++i);
            printf(" *************************** \n");
            printf("$学    号 : % s\n",  p->stu.id);
            printf("$姓    名 : % s\n",  p->stu.name);
            printf("$性    别 : % s\n",  p->stu.sex);
            printf("$出生日期: % s\n",  p->stu.birth);
            printf("$手机号码: % s\n",  p->stu.tel);
            printf("$QQ 号码 : % s\n",  p->stu.qq);
            printf("$Email   : % s\n",  p->stu.email);
            printf("$联系地址: % s\n",  p->stu.addr);
            printf(" *************************** \n");
            p = p->next;
        }
    }
```

（12）退出通讯录系统函数定义：

```
void  Exit()
{
    StuNode  * p = book;
    while(p)        //释放每一结点内存空间
    {
        book = p->next;
        free(p);
        p = book;
    }
}
```

（13）从文件读出联系人信息函数定义：

```
void  ReadFile()
{
    StuNode   * p;
    char   id[MAX_ID];
    FILE  * pf = fopen("book.txt", "r");        //以读方式打开文件
    if(!pf)  return;                            //打开文件失败
    //从文件中逐一读出每一联系人信息
    while(fscanf(pf, " % s", id)!= EOF)
    {
        p = (StuNode * )malloc(sizeof(StuNode));
        strcpy(p->stu.id, id);
        fscanf(pf, " % s",  p->stu.name);
        fscanf(pf, " % s",  p->stu.sex);
        fscanf(pf, " % s",  p->stu.birth);
```

```
        fscanf(pf, "%s",  p->stu.tel);
        fscanf(pf, "%s",  p->stu.qq);
        fscanf(pf, "%s",  p->stu.email);
        fscanf(pf, "%s",  p->stu.addr);
        //将每一联系人(结点)加入到链表中
        p->next = book;
        book = p;
        p = NULL;
    }
    fclose(pf);    //关闭文件
}
```

(14) 将联系人信息写入文件函数定义:

```
void  WriteFile()
{
    StuNode  *p = book;
    FILE  *pf = fopen("book.txt", "w");      //以写方式打开文件
    if(!pf)  return;                         //打开文件失败
    while(p)                                 //将链表中的每一结点(联系人)写入文件
    {
        fprintf(pf, "%s\n",  p->stu.id);
        fprintf(pf, "%s\n",  p->stu.name);
        fprintf(pf, "%s\n",  p->stu.sex);
        fprintf(pf, "%s\n",  p->stu.birth);
        fprintf(pf, "%s\n",  p->stu.tel);
        fprintf(pf, "%s\n",  p->stu.qq);
        fprintf(pf, "%s\n",  p->stu.email);
        fprintf(pf, "%s\n",  p->stu.addr);
        p = p->next;
    }
    fclose(pf);                              //关闭文件
}
```

(15) 查找联系人是否存在函数定义:

```
int  FindStu(char * id)
{
    StuNode  *p = book;
    while(p)                 //在链表中以学号方式查找某一联系人是否存在
    {
        if(strcmp(id, p->stu.id) == 0)
            return 1;        //存在则返回1
        p = p->next;
    }
    return 0;                //不存在则返回0
}
```

(16) 作者信息函数定义：

```
void  About()
{
    printf(" ******************************** \n");
    printf(" *                                * \n");
    printf(" * 作者：龙建武                    * \n");
    printf(" * 邮箱：jwlong@cqut.edu.cn        * \n");
    printf(" * 学院：计算机科学与工程学院      * \n");
    printf(" * 学校：重庆理工大学              * \n");
    printf(" *                                * \n");
    printf(" *        2015 年 10 月 20 日      * \n");
    printf(" ******************************** \n");
}
```

2.5.5 系统测试

1. 人机界面

运行系统即可进入人机界面，如图 2.4 所示，用户可通过输入数值 0～6 来操作系统，输入其他数值均会输出错误提示，如图 2.5 所示。

图 2.4 人机界面

2. 增加联系人

在主界面中输入"1"即可增加联系人，本系统一次只能输入一个联系人信息，输入完成后系统将输出联系人添加成功的信息提示，如图 2.6 所示，然后返回主界面，等待用户下一步操作。

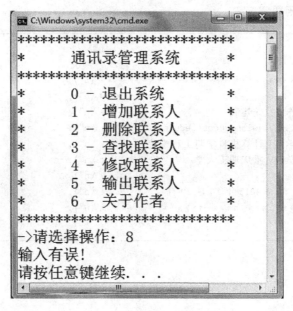

图 2.5　人机界面输入错误提示

图 2.6　增加联系人

3. 删除联系人

在主界面中输入"2"即可删除联系人,首先由用户输入需要删除联系人的学号,若该联系人存在,则直接删除,如图 2.7 所示;若不存在,则给出提示信息,如图 2.8 所示。

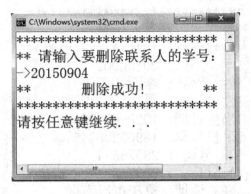

图 2.7　成功删除联系人

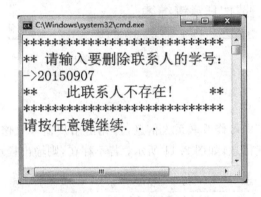

图 2.8　不成功删除联系人

4. 查找联系人

在主界面中输入"3"即可查找联系人,本系统有两种查找方式:按学号查找和按姓名查找,如图 2.9 所示。输入数字"1",进入学号查找模式;输入数字"2",进入姓名查找模式。若通讯录中存在待查找联系人,则输出该联系人信息,否则输出提示信息,图 2.10 为按姓名查找方式输出结果。

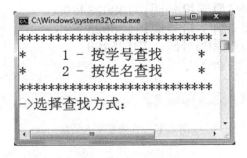

图 2.9　查找方式界面

图 2.10　按姓名查找方式输出结果

5. 修改联系人

在主界面中输入"4"即可修改联系人信息,首先由用户输入要修改联系人的学号,若该联系人存在,则可修改其信息,如图 2.11 所示;若不存在,则输出提示信息。

图 2.11　修改联系人信息

6. 输出联系人

在主界面中输入"5"即可输出所有联系人信息,如图 2.12 所示;若通讯录中无联系人记录,则输出提示信息。

图 2.12　输出联系人

7. 关于作者

在主界面中输入"6"即可输出作者信息,如图 2.13 所示。

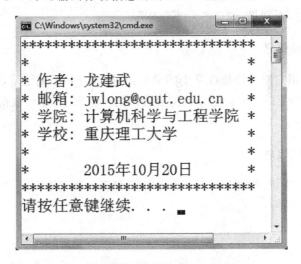

图 2.13　作者信息

2.6 学生成绩管理系统

2.6.1 需求分析

本学生成绩管理系统采用 Visual C++ 6.0 作为开发环境,主要功能是对学生成绩信息进行录入、删除、查找、修改、显示输出等。本系统给用户提供一个简易的操作界面,以便根据提示输入操作项,调用相应函数来完成系统提供的各项管理功能。主要功能描述如下。

1. 人机操控平台

用户通过选择不同选项来操作系统,包括退出系统、增加学生信息、删除学生信息、查找学生信息、修改学生成绩信息、输出学生成绩信息以及查看系统开发作者信息等。

2. 增加学生信息

用户根据提示输入学生的学号、姓名、性别、C 语言成绩、高数成绩、英语成绩等信息。本系统一次录入一个学生信息,当需要录入多个学生信息时,可采用多次添加方式。

3. 删除学生信息

根据系统提示,用户输入要删除学生的学号,系统根据用户的输入进行查找,若没有查找到相关记录,则提示"此学生不存在";否则,系统将直接删除该学生的全部信息。

4. 查找学生信息

本系统提供两种查找学生的方式,即按学号查找和按姓名查找。用户根据系统提示选择相应的查找方式,若选择按学号查找,则需要输入相应学生的学号以完成信息查找;若选择按姓名查找,则需要输入相应学生的姓名以完成信息查找。系统中若存在待查找的学生,则输出该学生的信息,否则提示"此学生不存在"。

5. 修改学生成绩信息

根据系统提示,用户输入待修改学生的学号,若没有查到相关记录,则提示"此学生不存在";否则显示出该学生的所有信息以及需要修改的项目列表,用户根据需要修改项进行选择并修改其相关信息。

6. 输出学生成绩信息

若系统中存在学生记录,则逐一输出所有学生信息;否则输出无学生记录提示信息。

2.6.2 模块设计

本学生成绩管理系统功能模块图如图 2.14 所示,共包括 7 个模块:退出系统、增加学生、删除学生、查找学生、修改学生信息、输出学生信息及关于作者。为了提高程序设计效率,本系统仍采用单链表实现所有操作。

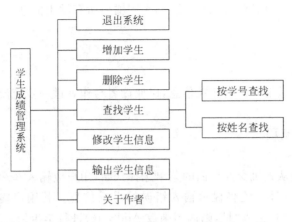

图 2.14   学生成绩管理系统模块图

1. 退出系统

首先将单链表中所有学生信息保存至磁盘文件中,然后释放所有内存空间,退出系统。

2. 增加学生

调用输入函数 AddStu()将用户输入的学生信息存入单链表中,以实现增加学生的操作。

3. 删除学生

用户根据系统提示输入要删除的学生学号,然后系统判断该学生记录是否存在,若不存在则给出提示信息,否则将此学生从单链表中删除,删除学生的操作由函数 DeleteStu()来实现。

4. 查找学生

提示用户选择查找方式:按学号查找和按姓名查找。当选用按学号查找时,提示用户输入学号,若该学生不存在则给出提示信息,否则完成按学号查找功能;当选用按姓名查找时,提示用户输入姓名,若该学生不存在则给出提示信息,否则完成按姓名查找功能。查找学生的整个操作由函数 SearchStu()来实现,按学号查找功能由函数 SearchStuID()来实现,按姓名查找功能由函数 SearchStuName()来实现。

5. 修改学生信息

提示用户输入学号,并查找此学生信息,若查找不成功则给出提示信息,否则显示出该学生的所有信息以及需要修改的项目列表,用户根据需要修改项进行选择并修改其相关信息。修改联系人操作由函数 UpdateStu()来实现。

6. 输出学生信息

若系统中无学生记录,则给出提示信息,否则输出所有学生信息。输出学生操作由函数 OutputStu()来实现。

7. 关于作者

此模块用于提供系统开发者相关信息,以便读者与作者进一步交流。

2.6.3　程序操作流程

本系统的操作应从人机交互界面的菜单选择开始,用户应输入 0~6 之间的数选择要进行的操作,输入其他符号系统将提示输入错误的提示信息。若用户输入"0",则调用函数 Exit()退出系统;若用户输入"1",则调用函数 AddStu()进行学生信息输入操作;若用户输入"2",则调用函数 DeleteStu()进行学生删除操作;若用户输入"3",则调用函数 SearchStu()进行学生查找操作;若用户输入"4",则调用函数 UpdateStu()进行学生修改操作;若用户输入"5",则调用函数 OutputStu()进行所有学生信息输出操作;若用户输入"6",则调用函数 About()输出作者信息。本学生成绩管理系统的操作流程如图 2.15 所示。

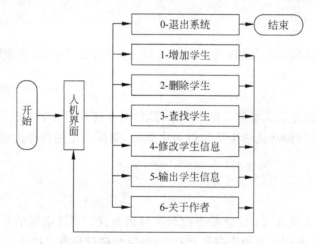

图 2.15　学生成绩管理系统操作流程图

2.6.4　系统实现

本程序主要由 3 个文件构成:score.txt、main.c 和 StudentScore.h。文件 score.txt 用于存储学生信息;文件 main.c 主要包括主函数等信息;文件 StudentScore.h 包括文件包含、宏定义、结构体定义、函数声明、函数定义等信息。

1. 文件 score.txt

score.txt 文件与源程序位于同一目录下,用于存储学生信息。所存储的学生信息依次为学号、姓名、性别、C语言成绩、高数成绩和英语成绩。图2.16所示为存储学生信息的score.txt文件。

图2.16 存储学生信息的score.txt文件

2. 文件 main.c

```
#include"StudentScore.h"

void  main()
{
    //调用学生成绩管理系统人机界面操作函数
    ShowMenu();
}
```

3. 文件 StudentScore.h

（1）预处理：

```
//文件包含
#include<stdio.h>       //标准输入/输出函数库
#include<stdlib.h>      //标准函数库
#include<string.h>      //字符串函数库
#include<conio.h>       //控制台输入/输出函数库

//学生信息长度宏定义
#define   MAX_ID      12   //学号最大长度
#define   MAX_NAME    11   //姓名最大长度
#define   MAX_SEX     3    //性别最大长度

//系统菜单选项宏定义
#define  EXIT      0    //退出系统
#define  INPUT     1    //增加学生信息
#define  DELETE    2    //删除学生信息
#define  SEARCH    3    //查找学生信息
#define  UPDATE    4    //修改学生信息
```

```
#define   OUTPUT        5          //输出所有学生信息
#define   ABOUT         6          //关于作者

//查找方式宏定义
#define   SEARCH_ID     1          //按学号查找
#define   SEARCH_NAME   2          //按姓名查找

//更新项目宏定义
#define   UPDATE_ID     1          //修改学号
#define   UPDATE_NAME   2          //修改姓名
#define   UPDATE_SEX    3          //修改性别
#define   UPDATE_C      4          //修改 C 语言成绩
#define   UPDATE_MATH   5          //修改高数成绩
#define   UPDATE_ENG    6          //修改英语成绩
```

（2）数据类型定义：

```
//学生信息结构体
typedef   struct   _StuScore
{
    char   id   [MAX_ID];          //学号 — 学生唯一标识
    char   name[MAX_NAME];         //姓名 — 最长为 5 个汉字
    char   sex [MAX_SEX];          //性别 — '男'或'女'
    int    CLanguage;              //C 语言成绩
    int    Mathematics;            //高数成绩
    int    English;                //英语成绩
    int    Total;                  //总分
}StuScore;

//学生成绩链表结构体
typedef   struct   _StuScoreNode
{
    StuScore data;
    struct   _StuScoreNode   * next;
}StuScoreNode;
typedef   StuScoreNode *   StuScoreList;
```

（3）全局变量定义和函数声明：

```
//全局变量定义,用于保存所有学生成绩的单链表
StuScoreList   score;

//人机界面操作函数列表
void   ShowMenu();            //人机界面函数
void   AddStu();              //增加学生
void   DeleteStu();           //删除学生
```

```
void   SearchStu();              //查找并显示学生信息
void   SearchStuID();            //按学号查找
void   SearchStuName();          //按姓名查找
void   UpdateStu();              //修改学生信息
void   OutputStu();              //输出所有学生信息
void   Exit();                   //退出学生成绩管理系统
void   About();                  //作者信息


//辅助函数列表
void   ReadFile();               //从文件读出学生成绩信息
void   WriteFile();              //将学生成绩信息写入文件
//查找学生在系统中是否已经存在,存在返回1,不存在返回0
int    FindStu(char * id);
```

（4）人机界面函数定义：

```
void   ShowMenu()
{
    int typeID = 0;

    ReadFile();              //启动程序前从文件读出所有学生成绩信息

    while(1)
    {
        system("cls");   //清屏(清除屏幕之前显示内容)
        printf(" ***************************** \n");
        printf(" *       学生成绩管理系统       * \n");
        printf(" ***************************** \n");
        printf(" *       0 - 退 出 系 统        * \n");
        printf(" *       1 - 增 加 学 生        * \n");
        printf(" *       2 - 删 除 学 生        * \n");
        printf(" *       3 - 查 找 学 生        * \n");
        printf(" *       4 - 修改学生信息       * \n");
        printf(" *       5 - 输出学生信息       * \n");
        printf(" *       6 - 关 于 作 者        * \n");
        printf(" ***************************** \n");
        printf(" ->请选择操作: ");
        scanf(" % d", &typeID);

        if(typeID == EXIT)
        {
            WriteFile();         //程序退出前将学生成绩信息写入文件
            Exit();              //退出系统
            break;
        }

        switch(typeID)
```

```
        {
        case  INPUT:
            system("cls");
            AddStu();                //增加学生
            system("pause");         //程序暂停
            break;
        case  DELETE:
            system("cls");
            DeleteStu();             //删除学生信息
            system("pause");
            break;
        case  SEARCH:
            SearchStu();             //查找学生信息
            break;
        case  UPDATE:
            system("cls");
            UpdateStu();             //更新学生信息
            system("pause");
            break;
        case  OUTPUT:
            system("cls");
            OutputStu();        //输出所有学生信息
            system("pause");
            break;
        case  ABOUT:
            system("cls");
            About();             //作者信息
            system("pause");
            break;
        default:
            printf("输入有误!\n");
            system("pause");
            break;
        }
    }
}
```

（5）增加学生函数定义：

```
void  AddStu()
{
    //分配存储空间
    StuScoreNode  *p = (StuScoreNode *)malloc(sizeof(StuScoreNode));
    printf("*********************************** \n");
    printf(" **         请输入学生信息             ** \n");
```

```
    printf("@请输入学号(最大长度为%d个字符)\n->", MAX_ID-1);
    scanf("%s", p->data.id);
    while(FindStu(p->data.id) == 1)
    {
        printf("@此学生已经存在,请重新输入\n->");
        scanf("%s", p->data.id);
    }
    printf("@请输入姓名(最大长度为%d个字符)\n->", MAX_NAME-1);
    scanf("%s", p->data.name);
    printf("@请输入性别('男'或'女')\n->");
    scanf("%s", p->data.sex);
    printf("@请输入C语言成绩(0~100)\n->");
    scanf("%d", &p->data.CLanguage);
    p->data.Total = p->data.CLanguage;
    printf("@请输入高数成绩(0~100)\n->");
    scanf("%d", &p->data.Mathematics);
    p->data.Total += p->data.Mathematics;
    printf("@请输入英语成绩(0~100)\n->");
    scanf("%d", &p->data.English);
    p->data.Total += p->data.English;
    p->next = score;
    score = p;
    printf("**              添加成功!              **\n");
    printf("************************************\n");
}
```

（6）删除学生函数定义：

```
void  DeleteStu()
{
    StuScoreNode  *pre = score;      //前一结点
    StuScoreNode  *p   = score;      //当前结点
    char  id[MAX_ID];
    printf("****************************\n");
    printf("** 请输入要删除学生的学号:\n->");
    scanf("%s", id);

    while(p)                          //查找待删除结点
    {
        if(strcmp(p->data.id, id) == 0)
            break;
        pre = p;
        p = p->next;
    }
    if(!p)
```

```
            printf(" **      此学生不存在!          ** \n");
        else
        {
            char   ch;
            printf(" ->输入'y'或'Y'删除记录!\n");
            ch = getch();
            if(ch == 'y' || ch == 'Y')
            {
                if(p == score) score = p->next;
                else   pre->next = p->next;
                free(p);
                printf(" **         删除成功!           ** \n");
            }
        }
        printf(" *************************** \n");
}
```

（7）查找学生信息函数定义：

```
void   SearchStu()
{
    int   type,   flag = 1;
    while(flag)
    {
        system("cls");
        printf(" *************************** \n");
        printf(" *       1 - 按学号查找          * \n");
        printf(" *       2 - 按姓名查找          * \n");
        printf(" *************************** \n");
        printf(" ->选择查找方式: ");
        scanf(" % d", &type);
        switch(type)
        {
        case SEARCH_ID:
            system("cls");
            SearchStuID();              //按学号查找
            flag = 0;
            break;
        case SEARCH_NAME:
            system("cls");
            SearchStuName();            //按姓名查找
            flag = 0;
            break;
        default:
            printf("输入有误!\n");
            break;
```

```
        }
        system("pause");
    }
}
```

（8）按学号查找函数定义：

```
void   SearchStuID()
{
    StuScoreNode   * p = score;
    char   id[MAX_ID];
    printf(" *************************** \n");
    printf(" ** 请输入要查找学生的学号: \n->");
    scanf(" % s",   id);

    while(p)        //检查待查找学生是否存在
    {
        if(strcmp(p->data. id,   id) == 0)
            break;
        p = p->next;
    }
    if(!p)
    {
        printf(" **         此学生不存在!           ** \n");
        printf(" *************************** \n");
    }
    else           //待查找学生存在则输出信息
    {
        printf(" *************************** \n");
        printf(" *          学生信息            * \n");
        printf(" *************************** \n");
        printf(" $ 学      号 : % s\n",   p->data. id);
        printf(" $ 姓      名 : % s\n",   p->data. name);
        printf(" $ 性      别 : % s\n",   p->data. sex);
        printf(" $ C 语言成绩: % d\n", p->data. CLanguage);
        printf(" $ 高数成绩 : % d\n",   p->data. Mathematics);
        printf(" $ 英语成绩 : % d\n",   p->data. English);
        printf(" $ 总      分 : % d\n",   p->data. Total);
        printf(" *************************** \n");
    }
}
```

（9）按姓名查找函数定义：

```
void   SearchStuName()
{
    StuScoreNode   * p = score;
```

```
        char  name[MAX_NAME];
        printf(" ***************************** \n");
        printf(" ** 请输入要查找学生的姓名: \n->");
        scanf("%s", name);

        while(p)      //检查待查找学生是否存在
        {
            if(strcmp(p->data.name, name) == 0)
                break;
            p = p->next;
        }
        if(!p)
        {
            printf(" **         此学生不存在!           ** \n");
            printf(" **************************** \n");
        }
        else         //待查找学生存在则输出信息
        {
            printf(" **************************** \n");
            printf(" *          学生信息              * \n");
            printf(" **************************** \n");
            printf(" $ 学      号 : %s\n", p->data.id);
            printf(" $ 姓      名 : %s\n", p->data.name);
            printf(" $ 性      别 : %s\n", p->data.sex);
            printf(" $ C语言成绩: %d\n",  p->data.CLanguage);
            printf(" $ 高数成绩 : %d\n",  p->data.Mathematics);
            printf(" $ 英语成绩 : %d\n",  p->data.English);
            printf(" $ 总      分 : %d\n",  p->data.Total);
            printf(" **************************** \n");
        }
    }
```

（10）修改学生信息函数定义：

```
    void  UpdateStu()
    {
        StuScoreNode  *p = score;
        char  id[MAX_ID];
        printf(" **************************** \n");
        printf(" ** 请输入要更新学生的学号: \n->");
        scanf("%s", id);

        while(p)  //查找待修改结点
        {
            if(strcmp(p->data.id, id) == 0)
                break;
```

```c
        p = p->next;
    }
    if(!p)
    {
        printf("**       此学生不存在!          **\n");
        printf("*************************\n");
    }
    else
    {
        int   type;
        while(1)
        {
            system("cls");
            printf("*************************\n");
            printf("*           学生信息             *\n");
            printf("*************************\n");
            printf("$ 学     号：%s\n",  p->data.id);
            printf("$ 姓     名：%s\n",  p->data.name);
            printf("$ 性     别：%s\n",  p->data.sex);
            printf("$ C语言成绩：%d\n",  p->data.CLanguage);
            printf("$ 高数成绩：%d\n",  p->data.Mathematics);
            printf("$ 英语成绩：%d\n",  p->data.English);
            printf("$ 总     分：%d\n",  p->data.Total);
            printf("*************************\n");
            printf("*      0 - 退 出            *\n");
            printf("*      1 - 修 改 学 号       *\n");
            printf("*      2 - 修 改 姓 名       *\n");
            printf("*      3 - 修 改 性 别       *\n");
            printf("*      4 - 修改 C 语言成绩    *\n");
            printf("*      5 - 修 改 高 数 成 绩   *\n");
            printf("*      6 - 修 改 英 语 成 绩   *\n");
            printf("*************************\n");
            printf("->选择修改项目：");
            scanf("%d", &type);
            if(type == 0)
                break;
            switch(type)
            {
            case UPDATE_ID:
                printf("->输入学号：");
                scanf("%s",  p->data.id);
                break;
            case UPDATE_NAME:
                printf("->输入姓名：");
                scanf("%s",  p->data.name);
                break;
```

```
            case UPDATE_SEX:
                printf(" ->输入性别: ");
                scanf("%s",  p->data.sex);
                break;
            case UPDATE_C:
                printf(" ->输入 C 语言成绩: ");
                scanf("%d",  &p->data.CLanguage);
                break;
            case UPDATE_MATH:
                printf(" ->输入高数成绩: ");
                scanf("%d",  &p->data.Mathematics);
                break;
            case UPDATE_ENG:
                printf(" ->输入英语成绩: ");
                scanf("%d",  &p->data.English);
                break;
            default:
                printf("输入错误!\n");
                system("pause");
                break;
            }
            if(type >= 4 && type <= 6)     //更新总成绩
                p->data.Total = p->data.CLanguage + p->data.Mathematics + p->
data.English;
            if(type >= 1 && type <= 6)
            {
                printf("修改成功!\n");
                system("pause");
            }
        }
    }
}
```

（11）显示所有学生信息函数定义：

```
void  OutputStu()
{
    int  i = 0;
    StuScoreNode  *p = score;
    if(!p)  //链表为空
    {
        printf(" **************************** \n");
        printf("** 成绩管理系统中无学生记录 ** \n");
        printf(" **************************** \n");
        return;
    }
    while(p)
    {
```

```
        printf(" ***************************** \n");
        printf(" *            学生 %d 信息         * \n",++i);
        printf(" ***************************** \n");
        printf(" $ 学    号 : % s\n",  p->data.id);
        printf(" $ 姓    名 : % s\n",  p->data.name);
        printf(" $ 性    别 : % s\n",  p->data.sex);
        printf(" $ C 语言成绩 : % d\n",  p->data.CLanguage);
        printf(" $ 高数成绩 : % d\n",  p->data.Mathematics);
        printf(" $ 英语成绩 : % d\n",  p->data.English);
        printf(" $ 总    分 : % d\n",  p->data.Total);
        printf(" ***************************** \n");
        p = p->next;
    }
}
```

（12）退出学生成绩管理系统函数定义：

```
void  Exit()
{
    StuScoreNode  * p = score;
    while(p)  //释放每一结点内存空间
    {
        score = p->next;
        free(p);
        p = score;
    }
}
```

（13）从文件读出学生信息函数定义：

```
void  ReadFile()
{
    StuScoreNode  * p;
    char  id[MAX_ID];
    FILE * pf = fopen("score.txt", "r");        //以读方式打开文件
    if(!pf) return;                             //打开文件失败
        //从文件中逐一读出每一学生成绩信息
    while(fscanf(pf, " % s", id)!= EOF)
    {
        p = (StuScoreNode * )malloc(sizeof(StuScoreNode));
        strcpy(p->data.id,   id);
        fscanf(pf, " % s",  p->data.name);
        fscanf(pf, " % s",  p->data.sex);
        fscanf(pf, " % d", &p->data.CLanguage);
        fscanf(pf, " % d", &p->data.Mathematics);
        fscanf(pf, " % d", &p->data.English);
        fscanf(pf, " % d", &p->data.Total);
```

```
        //将每一学生信息(结点)加入到链表中
        p->next = score;
        score = p;
        p = NULL;
    }
    fclose(pf);   //关闭文件
}
```

(14) 将学生信息写入文件函数定义：

```
void  WriteFile()
{
    StuScoreNode  * p = score;
    FILE * pf = fopen("score.txt", "w");   //以写方式打开文件
    if(!pf) return;                        //打开文件失败
    while(p)                               //将链表中的每一结点(学生信息)写入文件
    {
        fprintf(pf, "% s\n",  p->data.id);
        fprintf(pf, "% s\n",  p->data.name);
        fprintf(pf, "% s\n",  p->data.sex);
        fprintf(pf, "% d\n",  p->data.CLanguage);
        fprintf(pf, "% d\n",  p->data.Mathematics);
        fprintf(pf, "% d\n",  p->data.English);
        fprintf(pf, "% d\n",  p->data.Total);
        p = p->next;
    }
    fclose(pf);                            //关闭文件
}
```

(15) 查找学生是否存在函数定义：

```
int  FindStu(char * id)
{
    StuScoreNode   * p = score;
    while(p)                  //在链表中以学号方式查找某一联系人是否存在
    {
        if(strcmp(id,  p->data.id) == 0)
            return 1;         //存在则返回 1
        p = p->next;
    }
    return 0;                 //不存在则返回 0
}
```

(16）作者信息函数定义：

```
void  About()
{
    printf(" ***************************** \n");
    printf(" *                           * \n");
    printf(" * 作者：龙建武               * \n");
    printf(" * 邮箱：jwlong@cqut.edu.cn   * \n");
    printf(" * 学院：计算机科学与工程学院 * \n");
    printf(" * 学校：重庆理工大学         * \n");
    printf(" *                           * \n");
    printf(" *        2015 年 10 月 21 日 * \n");
    printf(" ***************************** \n");
}
```

2.6.5　系统测试

1. 人机界面

运行系统即可进入人机界面，如图 2.17 所示，用户可通过输入数值 0～6 来操作系统，输入其他数值均会输出错误提示。

图 2.17　人机界面

2. 增加学生

在主界面中输入"1"即可增加学生，本系统一次只能输入一个学生信息，输入完成后系统将输出学生添加成功的信息提示，如图 2.18 所示。

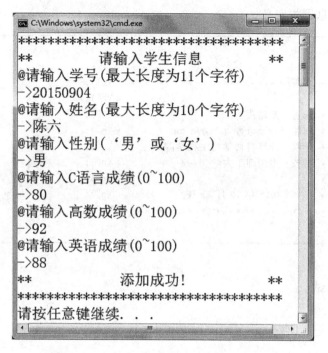

图 2.18　增加学生信息

3. 删除学生

在主界面中输入"2"即可删除学生,首先由用户输入需要删除学生的学号,若该学生存在,等用户确认后(输入'y'或'Y')则直接删除,如图 2.19 所示;若不存在,则给出提示信息,如图 2.20 所示。

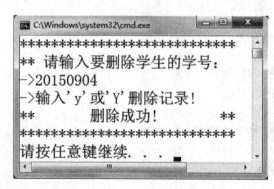
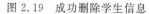

图 2.19　成功删除学生信息　　　　　图 2.20　不成功删除学生信息

4. 查找学生

在主界面中输入"3"即可查找学生,本系统有两种查找方式:按学号查找和按姓名查找,如图 2.21 所示。输入数字"1",进入学号查找模式;输入数字"2",进入姓名查找模式。若系统中存在待查找学生,则输出该学生信息,否则输出提示信息,图 2.22 为按姓名查找方式输出结果。

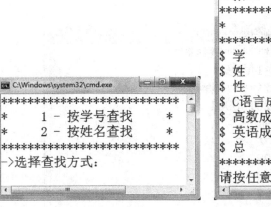

图 2.21　查找方式界面

图 2.22　按姓名查找方式输出结果

5. 修改学生信息

在主界面中输入"4"即可修改学生信息,首先由用户输入要修改学生的学号,若该学生存在,则进入修改界面,如图 2.23 所示;然后用户选择修改项目,即可完成信息的修改,如图 2.24 所示。若不存在,则输出提示信息。

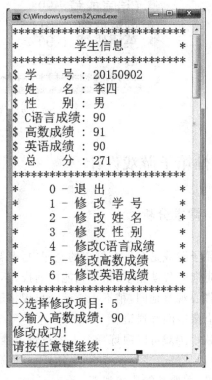

图 2.23　修改学生信息界面

图 2.24　修改高数成绩

6．输出学生信息

在主界面中输入"5"即可输出所有学生信息，如图 2.25 所示，若系统中无学生信息记录则输出提示信息。

图 2.25　输出学生信息

2.7　推箱子游戏设计

2.7.1　需求分析

推箱子游戏是在一个狭小的仓库中，把箱子移动到指定的目标位置。该游戏是通过控制人的走向来移动箱子，箱子只能向前推，不能向后拉，且一次只能推动一个箱子。因此移动前需细心观察地图，稍不小心就会出现箱子无法移动或者通道被堵的情况，所以需要巧妙地利用有限空间和通道。

这款小游戏可以锻炼一个人的逻辑思维能力，可玩性很高。如果自己动手开发这款游戏，既可以了解游戏开发流程，又能增加对编程的兴趣。本游戏将采用 Visual C++ 6.0 环境进行开发，主要功能描述如下。

1. 人机操控平台

启动程序后,系统提供给用户一个操作界面,以便用户有效操作游戏。

2. 创建并绘制地图

推箱子游戏需要创建不同的地图以增加游戏的趣味性。

3. 选择地图

系统应提供多个地图以供用户选择。

4. 移动操作

本游戏主要通过人或人和箱子的移动来进行的。系统接收用户输入一个字符(按键)来控制人的走向,并且可以在允许的情况下推动箱子。

5. 移动步数和得分

移动步数是统计从开始游戏到游戏结束(通关)所走的总步数,在游戏过程中这是实时变化的。得分是统计每将一个箱子移动到目的地所获得的分数,只有当把所有箱子移动到指定目标位置后游戏结束(通关)。

6. 游戏操作说明

系统给用户提供地图元素组成、操作规则等信息。

2.7.2　模块设计

本推箱子游戏程序功能模块图如图 2.26 所示,共包括 5 个模块:创建并绘制地图、选择地图、移动操作、移动步数和得分、游戏操作说明。

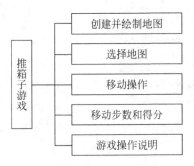

图 2.26　推箱子游戏模块图

1. 创建并绘制地图

图 2.27 所示为游戏中的一个地图,其中"○"表示可通行道路、"●"表示墙壁、"□"表示目的地、"■"表示箱子、"♀"表示人。游戏中,人("♀")需要将所有箱子("■")移动到指定

目的地("□"),才能赢得游戏。

从图 2.27 中很容易看出,该地图实际上就是一个二维数组,因此在程序设计过程中可采用二维数组来表示地图,如 map[10][12] 即为对应的二维数组表示。其中 0 表示"○"、1 表示"●"、2 表示"□"、3 表示"■"、4 表示"♀"。绘制地图的操作由函数 DrawMap(int map[MAP_ROW][MAP_COL])来实现,其中 MAP_ROW 表示地图高度、MAP_COL 表示地图宽度,详见系统实现部分的宏定义。

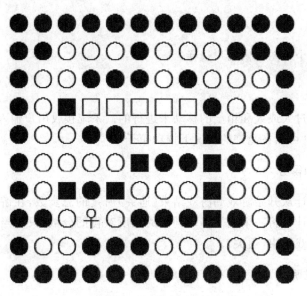

图 2.27　游戏地图

```
int map[10][12] = {
    {1, 1, 1, 1, 1, 1, 1, 1, 1, 1, 1, 1},
    {1, 1, 0, 0, 0, 1, 0, 0, 0, 1, 1, 1},
    {1, 0, 0, 1, 1, 1, 0, 1, 0, 0, 0, 1},
    {1, 0, 3, 2, 2, 2, 2, 2, 1, 0, 1, 1},
    {1, 0, 0, 1, 1, 2, 2, 2, 3, 0, 0, 1},
    {1, 0, 0, 0, 0, 3, 1, 1, 3, 1, 0, 1},
    {1, 0, 3, 1, 3, 0, 0, 0, 3, 0, 0, 1},
    {1, 1, 0, 4, 0, 1, 1, 1, 3, 1, 0, 1},
    {1, 0, 0, 1, 1, 1, 0, 0, 0, 0, 0, 1},
    {1, 1, 1, 1, 1, 1, 1, 1, 1, 1, 1, 1}
};
```

2. 选择地图

为了提高游戏趣味性,系统应提供多个地图以供用户选择,选择游戏地图操作由函数 ChooseMap(int map[MAP_ROW][MAP_COL])来实现。

3. 移动操作

游戏中用户操作方向键"↑"、"↓"、"←"和"→"来控制人分别向上、下、左、右 4 个方向移动,按 q 或 Q 键直接退出游戏,而按其他键系统不做任何处理。游戏中为了避免屏幕回显效果,程序中使用函数 getch() 来获取用户输入的控制键(注意:函数 getchar() 和 scanf() 虽能获取用户输入,但这两个函数均具有回显功能)。如果系统检测到用户输入了方向键"↑、↓、←、→",则处理人或人和箱子的移动过程。移动过程共有以下 4 种可移动情况。

(1) 人前面是空地。人向前移动一步,并将移动后人所在位置状态由"空地"修改为"人"。同时修改移动前人所在位置状态,若移动前人站在空地上,则将位置状态由"人"修改为"空地";若移动前人站在目的地上,则将位置状态由"人"修改为"目的地"。

(2) 人前面是目的地。人向前移动一步,并将移动后人所在位置状态由"目的地"修改为"人"。同时修改移动前人所在位置状态,若移动前人站在空地上,则将位置状态由"人"修改为"空地";若移动前人站在目的地上,则将位置状态由"人"修改为"目的地"。

(3) 人前面是箱子且箱子位于空地上。由于人前面是箱子,因此需要考虑箱子的移动情况,可分为以下两种可移动情况。

① 箱子前面是空地。箱子向前移动一步,并将移动后箱子所在位置状态由"空地"修改为"箱子",得分不变。然后人向前移动一步,并将移动后人所在位置状态由"箱子"修改为"人"。同时修改移动前人所在位置状态,若移动前人站在空地上,则将位置状态由"人"修改为"空地";若移动前人站在目的地上,则将位置状态由"人"修改为"目的地"。

② 箱子前面是目的地。箱子向前移动一步,并将移动后箱子所在位置状态由"目的地"修改为"箱子",得分加 1。然后人向前移动一步,并将移动后人所在位置状态由"箱子"修改为"人"。同时修改移动前人所在位置状态,若移动前人站在空地上,则将位置状态由"人"修改为"空地";若移动前人站在目的地上,则将位置状态由"人"修改为"目的地"。

(4) 人前面是箱子且箱子位于目的地上。由于人前面是箱子,因此需要考虑箱子的移动情况,可分为以下两种可移动情况。

① 箱子前面是空地。箱子向前移动一步,并将移动后箱子所在位置状态由"目的地"修改为"箱子",得分减 1。然后人向前移动一步,并将移动后人所在位置状态由"箱子"修改为"人"。同时修改移动前人所在位置状态,若移动前人站在空地上,则将位置状态由"人"修改为"空地";若移动前人站在目的地上,则将位置状态由"人"修改为"目的地"。

② 箱子前面是目的地。箱子向前移动一步,并将移动后箱子所在位置状态由"目的地"修改为"箱子",得分不变。然后人向前移动一步,并将移动后人所在位置状态由"箱子"修改为"人"。同时修改移动前人所在位置状态,若移动前人站在空地上,则将位置状态由"人"修改为"空地";若移动前人站在目的地上,则将位置状态由"人"修改为"目的地"。

4. 移动步数和得分

游戏中用户操作方向键"↑"、"↓"、"←"和"→"来控制人的走向,每移动一步步数计分加 1。每将一个箱子移动到指定目的地,得分加 1,而每将一个箱子移出目的地,得分减 1。移动步数和得分操作由函数 MoveStep(int map[MAP_ROW][MAP_COL], int * xpos, int * ypos, int dir, int * step, int * score) 来实现。

5. 游戏操作说明

给用户提供游戏帮助信息,以便用户更为熟练地操作游戏。

2.7.3 程序操作流程

启动游戏后进入人机界面,用户应输入 0~3 之间的数值选择要进行的操作,输入其他符号系统将显示输入错误的提示信息,操作流程图如图 2.28 所示。若用户输入"0",则直接退出系统;若用户输入"1",则进入游戏;若用户输入"2",则显示游戏操作说明;若用户输入"3",则显示作者信息。当用户选择开始游戏后,首先进入地图选择界面,用户选择地图后即可进入游戏界面开始游戏。游戏过程中每移动一步系统将进行一次通关检测,若没有通关游戏继续,否则游戏结束。游戏过程中若用户想结束游戏,可输入"q"或"Q"即可退出。

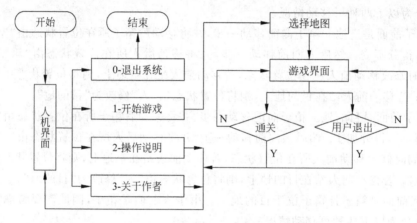

图 2.28 推箱子游戏操作流程图

2.7.4 系统实现

本程序主要由两个文件构成:main.c 和 Boxman.h。文件 main.c 主要包括主函数等信息;文件 Boxman.h 包括文件包含、宏定义、结构体定义、函数声明、函数定义等信息。

1. 文件 main.c

```
#include  "Boxman.h"

void  main()
{
    //调用推箱子游戏人机界面操作函数
    ShowMenu();
}
```

2. 文件 Boxman. h

（1）预处理：

```
//文件包含
#include <stdio.h>        //标准输入/输出函数库
#include <stdlib.h>       //标准函数库
#include <string.h>       //字符串函数库
#include <conio.h>        //控制台输入/输出函数库

//系统菜单选项宏定义
#define  EXIT    0        //退出系统
#define  START   1        //开始游戏
#define  HELP    2        //操作说明
#define  ABOUT   3        //关于作者

//地图大小宏定义
#define  MAP_ROW  10      //地图行数(高度)
#define  MAP_COL  12      //地图列数(宽度)

//游戏操作移动方向宏定义
#define  DIR_UP    1      //向上移动
#define  DIR_DOWN 2       //向下移动
#define  DIR_LEFT 3       //向左移动
#define  DIR_RIGHT 4      //向右移动

//游戏地图等级选项宏定义
#define  LEVEL_EASY   1   //简单
#define  LEVEL_MEDIAN 2   //一般
#define  LEVEL_HARD   3   //困难

//游戏地图组成宏定义
#define  ROAD  0          //"○"——空地
#define  WALL  1          //"●"——墙壁
#define  DEST  2          //"□"——目的地(destination)
#define  BOX   3          //"■"——箱子
#define  MAN   4          //"♀"——人
#define  BOXD  5          //"■"——箱子在目的地上(D-destination)
#define  MAND  6          //"♀"——人在目的地上(D-destination)
```

（2）游戏地图定义：

```
//0表示可通行道路;1表示墙壁;2表示目的地;3表示箱子;4表示人
//地图1—简单
int map1[10][12] = {
    {1,1,1,1,1,1,1,1,1,1,1,1},
    {1,0,0,0,0,0,0,0,0,0,1,1},
```

```
    {1,0,0,3,0,0,0,0,1,0,0,1},
    {1,1,1,1,1,1,0,0,1,1,0,1},
    {1,0,0,0,0,0,0,0,0,1,1,1},
    {1,1,0,0,0,0,0,0,0,1,1,1},
    {1,0,0,1,1,1,1,1,1,0,0,1},
    {1,0,0,0,0,4,0,2,0,1,0,1},
    {1,0,1,1,0,0,0,0,0,0,0,1},
    {1,1,1,1,1,1,1,1,1,1,1,1}
};
//地图 2——一般
int map2[10][12] = {
    {1,1,1,1,1,1,1,1,1,1,1,1},
    {1,1,1,0,0,1,1,0,0,0,1,1},
    {1,0,0,0,0,0,1,1,1,0,0,1},
    {1,1,1,0,0,0,0,0,1,1,0,1},
    {1,1,1,3,1,1,1,0,0,0,0,1},
    {1,1,0,4,0,3,0,0,3,0,1,1},
    {1,0,0,2,2,1,0,3,0,1,1,1},
    {1,0,1,2,2,1,0,0,0,1,0,1},
    {1,0,0,1,1,0,0,0,0,0,0,1},
    {1,1,1,1,1,1,1,1,1,1,1,1}
};
//地图 3—困难
int map3[10][12] = {
    {1,1,1,1,1,1,1,1,1,1,1,1},
    {1,1,0,0,0,1,0,0,0,1,1,1},
    {1,0,0,1,1,1,0,1,0,0,0,1},
    {1,0,3,2,2,2,2,2,1,0,1,1},
    {1,0,0,1,1,2,2,2,3,0,0,1},
    {1,0,0,0,0,3,1,1,3,1,0,1},
    {1,0,3,1,3,0,0,0,3,0,0,1},
    {1,1,0,4,0,1,1,1,3,1,0,1},
    {1,0,0,1,1,0,0,0,0,0,0,1},
    {1,1,1,1,1,1,1,1,1,1,1,1}
};
```

（3）函数声明：

```
//推箱子游戏函数声明
void   ShowMenu();                               //人机界面函数
void   ChooseMap(int map[MAP_ROW][MAP_COL]);      //选择游戏地图
//确定地图中人的初始位置
void   FindBoxmanPos(int map[MAP_ROW][MAP_COL], int * xpos, int * ypos);
```

```
void   DrawMap(int map[MAP_ROW][MAP_COL]);    //绘制地图
//游戏移动一步相应的处理函数
void   MoveStep(int map[MAP_ROW][MAP_COL], int * xpos, int * ypos, int dir, int * step, int
* score);
void   PlayGame(int map[MAP_ROW][MAP_COL]);    //游戏运行函数
int    CheckBoxNum(int map[MAP_ROW][MAP_COL]); //检测箱子总数
void   Help();   //游戏帮助说明
void   About(); //作者信息
```

（4）人机界面函数定义：

```
void   ShowMenu()
{
    int type;
    while(1)
    {
        system("cls"); //清屏
        printf(" **************************** \n");
        printf(" *          推箱子游戏            * \n");
        printf(" **************************** \n");
        printf(" *      0 - 退 出 系 统         * \n");
        printf(" *      1 - 开 始 游 戏         * \n");
        printf(" *      2 - 操 作 说 明         * \n");
        printf(" *      3 - 关 于 作 者         * \n");
        printf(" **************************** \n");
        printf(" ->请选择操作: ");
        scanf(" % d", &type);
        if(type == EXIT)      //退出系统
            break;
        switch(type)
        {
        case START:          //开始游戏
            PlayGame();
            system("pause");
            break;
        case HELP:           //帮助说明
            system("cls");
            Help();
            system("pause");
            break;
        case ABOUT:          //作者信息
            system("cls");
            About();
            system("pause");
            break;
        default:
            printf("输入有误!\n");
```

```
            system("pause");
            break;
        }
    }
}
```

(5) 地图选择函数定义：

```
void   ChooseMap(int   map[MAP_ROW][MAP_COL])
{
    int level;
    int (*p)[MAP_COL] = NULL;    //数组指针
    int x, y;
    while(1)
    {
        system("cls");
        printf("××××××××××××××××××××\n");
        printf("*    1 - 地图1(简单)        *\n");
        printf("*    2 - 地图2(一般)        *\n");
        printf("*    3 - 地图3(困难)        *\n");
        printf("**********************\n");
        printf("->选择地图(1~3): ");
        scanf("%d", &level);
        if(level < 1 || level > 3)
        {
            printf("输入错误!\n");
            system("pause");
        }
        else
            break;
    }
    switch(level)
    {
    case LEVEL_EASY:             //地图1
        p = map1;
        break;
    case LEVEL_MEDIAN:           //地图2
        p = map2;
        break;
    case LEVEL_HARD:             //地图3
        p = map3;
        break;
    default:                     //默认选在地图1
        p = map1;
        break;
    }
```

```
        for(y = 0; y < MAP_ROW; y++)
            for(x = 0; x < MAP_COL; x++)
                map[y][x] = p[y][x];
    }
```

(6) 确定地图中人初始位置函数定义：

```
void  FindBoxmanPos(int map[MAP_ROW][MAP_COL],  int * xpos, int * ypos)
{
    int x, y;
    for(y = 0; y < MAP_ROW; y++)
        for(x = 0; x < MAP_COL; x++)
            if(map[y][x] == MAN)
            {
                * xpos = x;
                * ypos = y;
            }
}
```

(7) 地图绘制函数定义：

```
void  DrawMap(int  map[MAP_ROW][MAP_COL],  int step,  int score)
{
    //"○"表示可通行道路；"●"表示墙壁；
    //"□"表示目的地；"■"表示箱子；"♀"表示人
    char * c[] = {"○","●","□","■","♀","■","♀"};
    int x, y;
    system("cls");
    for(y = 0; y < MAP_ROW; y++)
    {
        for(x = 0; x < MAP_COL; x++)
            printf("% s",c[map[y][x]]);
        printf("\n");
    }
    printf("@@@@@@@@@@@@@@@@@@@@@@@@@\n");
    printf("@    移动步数：% d\n", step);
    printf("@    游戏得分：% d\n", score);
    printf("@@@@@@@@@@@@@@@@@@@@@@@@@\n");
}
```

(8) 箱子数统计函数定义：

```
int  CheckBoxNum(int  map[MAP_ROW][MAP_COL])
{
    int x, y, boxNum = 0;
    for(y = 0; y < MAP_ROW; y++)
        for(x = 0; x < MAP_COL; x++)
```

```
            if(map[y][x] == BOX)          //统计箱子个数
                 boxNum++;
    return  boxNum;
}
```

（9）人移动处理函数定义：

```
    void  MoveStep(int map[MAP_ROW][MAP_COL], int * xpos, int * ypos, int dir, int * step, int
    * score)
    {
        int mx, my;                          //人移动后坐标(m - man)
        int bx, by;                          //人前面箱子移动后坐标(b - box)
        switch(dir)
        {
        case DIR_UP:
            mx = * xpos, my = * ypos - 1;    //人向上移动一步
            bx = mx, by = my - 1;            //箱子向上移动一步
            break;
        case DIR_DOWN:
            mx = * xpos, my = * ypos + 1;    //人向下移动一步
            bx = mx,  by = my + 1;           //箱子向下移动一步
            break;
        case DIR_LEFT:
            mx = * xpos - 1, my = * ypos;    //人向左移动一步
            bx = mx - 1, by = my;            //箱子向左移动一步
            break;
        case DIR_RIGHT:
            mx = * xpos + 1, my = * ypos;    //人向右移动一步
            bx = mx + 1, by = my;            //箱子向右移动一步
            break;
        }
        //人已到达地图边界,不能再往前移动
        if(mx < 0 || mx > = MAP_COL || my < 0 || my > = MAP_ROW)
            return;

        //case1:人前面是空地
        if(map[my][mx] == ROAD)
        {
            if(map[ * ypos][ * xpos] == MAN)     //人当前站在空地上
                map[ * ypos][ * xpos] = ROAD;
            else                                 //人当前站在目标位置上(MAND)
                map[ * ypos][ * xpos] = DEST;
            //人移动到前面的空地上
            map[my][mx] = MAN;
            * ypos = my;
            * xpos = mx;
            ( * step)++;                         //移动步数加1
```

```
    }
//case2:人前面是目的地
if(map[my][mx] == DEST)
{
    if(map[ * ypos][ * xpos] == MAN)                //人当前站在空地上
        map[ * ypos][ * xpos] = ROAD;
    else                                            //人当前站在目标位置上(MAND)
        map[ * ypos][ * xpos] = DEST;
    //人移动到前面的目标位置上
    map[my][mx] = MAND;
     * ypos = my;
     * xpos = mx;
    ( * step)++;                                     //移动步数加1
}


//箱子已到达地图边界,不能再往前移动
if(bx < 0 || bx >= MAP_COL || by < 0 || by >= MAP_ROW)
    return;

//case3:人前面是箱子且箱子位于空地上
if(map[my][mx] == BOX)
{
    //(1) 箱子前面是空地,可移动
    if(map[by][bx] == ROAD)
    {
        map[by][bx] = BOX;                          //箱子移动到前面的空地上
        if(map[ * ypos][ * xpos] == MAN)            //人当前站在空地上
            map[ * ypos][ * xpos] = ROAD;
        else                                        //人当前站在目标位置上
            map[ * ypos][ * xpos] = DEST;
        //人移动到前面的空地上
        map[my][mx] = MAN;
         * ypos = my;
         * xpos = mx;
        ( * step)++;                                 //移动步数加1
    }

    //(2) 箱子前面是目的地,可移动
    if(map[by][bx] == DEST)
    {
        map[by][bx] = BOXD;                         //箱子移动到前面的目的地上
        if(map[ * ypos][ * xpos] == MAN)            //人当前站在空地上
            map[ * ypos][ * xpos] = ROAD;
        else                                        //人当前站在目标位置上
```

```
                map[ * ypos][ * xpos] = DEST;
            //人移动到前面的空地上
                map[my][mx] = MAN;
                * ypos = my;
                * xpos = mx;
                ( * step)++;                       //移动步数加 1
                ( * score)++;                      //箱子从空地移动到目的地,得分加 1 分
            }
        }
        //case4:人前面是箱子且箱子位于目的地上
        if(map[my][mx] == BOXD)
        {
            //(1) 箱子前面是空地,可移动
            if(map[by][bx] == ROAD)
            {
                map[by][bx] = BOX;                 //箱子移动到前面的空地上
                if(map[ * ypos][ * xpos] == MAN)   //人当前站在空地上
                    map[ * ypos][ * xpos] = ROAD;
                else//人当前站在目标位置上
                    map[ * ypos][ * xpos] = DEST;
                //人移动到前面的目的地上
                map[my][mx] = MAND;
                * ypos = my;
                * xpos = mx;
                ( * step)++;                       //移动步数加 1
                ( * score) -- ;                    //箱子从目的地移动到空地,得分减 1 分
            }

            //(2) 箱子前面是目的地,可移动
            if(map[by][bx] == DEST)
            {
                map[by][bx] = BOXD;                //箱子移动到前面的目的地上
                if(map[ * ypos][ * xpos] == MAN)   //人当前站在空地上
                    map[ * ypos][ * xpos] = ROAD;
                else                               //人当前站在目标位置上
                    map[ * ypos][ * xpos] = DEST;
                //人移动到前面的目的地上
                map[my][mx] = MAND;
                * ypos = my;
                * xpos = mx;
                ( * step)++;                       //移动步数加 1
            }
        }
    }
```

（10）游戏运行函数定义：

```c
void  PlayGame()
{
    int map[MAP_ROW][MAP_COL];
    int step = 0, score = 0;
    int dir, flag = 1;
    int ch, cl;
    int xpos, ypos;
    int boxNum;
    ChooseMap(map);                      //选择地图
    boxNum = CheckBoxNum(map);           //获取箱子个数
    DrawMap(map, step, score);           //绘制初始地图
    FindBoxmanPos(map, &xpos, &ypos);    //确定人初始位置
    while(flag)
    {
        dir = -1;
        //方向键的 ASCII 码由两个字符(ch,cl)组成,高位为 ch,低位为 cl
        ch = getch();
        if(ch == 113 || ch == 81)        //游戏中按字符'Q'或'q'直接退出游戏
            break;
        cl = getch();
        if(ch == 224)
        {
            switch(cl)
            {
                case 72:                 //向上移动 —— 方向键↑,ASCII 码为(224,72)
                    dir = DIR_UP;
                    break;
                case 80:                 //向下移动 —— 方向键↓,ASCII 码为(224,80)
                    dir = DIR_DOWN;
                    break;
                case 75:                 //向左移动 —— 方向键←,ASCII 码为(224,75)
                    dir = DIR_LEFT;
                    break;
                case 77:                 //向右移动 —— 方向键→,ASCII 码为(224,77)
                    dir = DIR_RIGHT;
                    break;
                default:
                    break;
            }
        }
        if(dir > 0)                       //移动
        {
            MoveStep(map, &xpos, &ypos, dir, &step, &score);   //移动处理
            DrawMap(map, step, score);    //刷新地图
            if(score == boxNum)           //每移动一步检测游戏是否结束
            {
                printf("@@@@   You win!   @@@@\n");
```

```
                printf("@@@@@@@@@@@@@@@@@\n");
                break;
            }
        }
    }
}
```

(11) 帮助说明函数定义：

```
void  Help()
{
    printf(" ******************************* \n");
    printf(" *         游戏操作说明           * \n");
    printf(" ******************************* \n");
    printf(" *   ○ - 表示可通行道路          * \n");
    printf(" *   ● - 表示墙壁                * \n");
    printf(" *   □ - 表示目的地              * \n");
    printf(" *   ■ - 表示箱子                * \n");
    printf(" *   ♀ - 表示人                  * \n");
    printf(" *   方向键↑ - 向上移动          * \n");
    printf(" *   方向键↓ - 向下移动          * \n");
    printf(" *   方向键← - 向左移动          * \n");
    printf(" *   方向键→ - 向右移动          * \n");
    printf(" ******************************* \n");
}
```

(12) 作者信息函数定义：

```
void  About()
{
    printf(" ****************************** * \n");
    printf(" *                             * \n");
    printf(" * 作者：龙建武                 * \n");
    printf(" * 邮箱：jwlong@cqut.edu.cn     * \n");
    printf(" * 学院：计算机科学与工程学院    * \n");
    printf(" * 学校：重庆理工大学           * \n");
    printf(" *                             * \n");
    printf(" *       2015 年 10 月 23 日     * \n");
    printf(" ****************************** \n");
}
```

2.7.5 系统测试

1. 人机界面

运行系统即可进入人机界面，用户可通过输入数值 0～3 来操作系统，如图 2.29 所示。

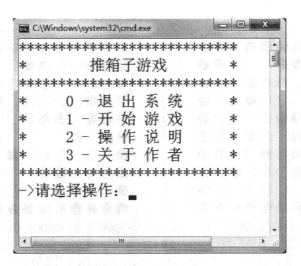

图 2.29　人机界面

2. 游戏地图选择界面

在主界面中输入"1"即可进入游戏地图选择界面,如图 2.30 所示,图中显示出了 3 个不同等级的地图以供用户选择。

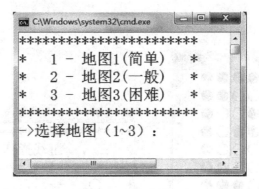

图 2.30　地图选择界面

3. 游戏界面

用户在游戏地图选择界面选择地图后即可进入游戏界面,如图 2.31 所示。然后用户利用方向键"↑"、"↓"、"←"、"→"即可开始游戏,随着游戏的进行,游戏界面上实时显示用户移动步数和游戏得分,如图 2.32 所示。当用户把所有箱子移动到目标位置后,游戏结束,如图 2.33 所示。

4. 操作说明

在主界面中输入"2"即可进入游戏操作说明界面,如图 2.34 所示。

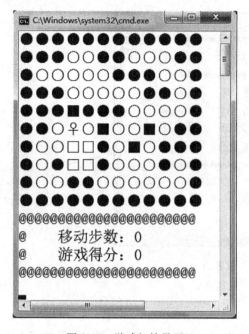

图 2.31　游戏初始界面

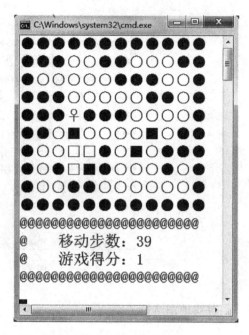

图 2.32　游戏过程界面

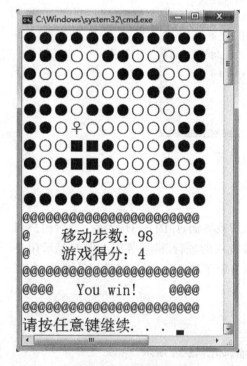

图 2.33　游戏结束界面

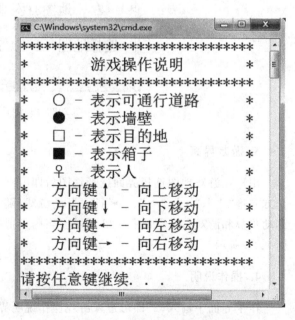

图 2.34　游戏操作说明界面

第 3 部分

综 合 测 试

3.1 综合测试一

一、单项选择题(每题 **2** 分,共 **60** 分)

1. 下面程序的输出是( )。

```
main( )
  {
   int k = 11;
   printf("k = % d,k = % o,k = % x\n",k,k,k);
  }
```

    A. k=11,k=13,k=b   B. k=11,k=13,k=13

    C. k=11,k=013,k=0xb   D. k=11,k=12,k=11

2. 有以下程序:

```
main( )
   {
   int i,j,x = 0;
   for(i = 0;i < 2;i++)
      {
      x++;
      for(j = 0;j <= 3;j++)
         {
             if(j % 2)  continue;
             x++;
         }
      x++;
      }
   printf("x = % d\n",x);
   }
```

程序执行后的输出结果是( )。

A. x＝4　　　　　　B. x＝6　　　　　　C. x＝8　　　　　　D. x＝12

3. 有以下程序：

```
main( )
{
int i,t[ ][3] = {9,8,7,6,5,4,3,2,1};
for(i = 0;i < 3;i++) printf("%d ",t[2 - i][i]);
}
```

程序执行后的输出结果是（　　　）。

A. 7 5 1　　　　　B. 3 5 7　　　　　C. 3 6 9　　　　　D. 7 5 3

4. 已知 ch 是字符型变量，下面不正确的赋值语句是（　　　）。

A. ch='a+b';　　B. ch=5+9;　　　C. ch='7'+'9';　　D. ch='\0';

5. 以下选项中不合法的标识符是（　　　）。

A. print　　　　B. _00　　　　　　C. &a　　　　　　D. FOR

6. 下列叙述中正确的是（　　　）。

A. C 语言中既有逻辑类型也有集合类型

B. C 语言中既没有逻辑类型也没有集合类型

C. C 语言中有逻辑类型但没有集合类型

D. C 语言中没有逻辑类型但有集合类型

7. 以下程序的输出结果是（　　　）。

```
main( )
{
 int x = 2,y = - 1,z = 2;
 if (x < y)
  if (y < 0)  z = 0;
  else   z += 1;
 printf ("%d\n",z) ;
}
```

A. 3　　　　　　　B. 2　　　　　　　C. 0　　　　　　　D. 1

8. 以下叙述中正确的是（　　　）。

A. C 程序中注释部分可以出现在程序中任意合适的地方

B. 花括号"{"和"}"只能作为函数体的定界符

C. 分号是 C 语句之间的分隔符，不是语句的一部分

D. 构成 C 程序的基本单位是函数，所有函数名都可以由用户命名

9. 以下正确的函数定义形式是（　　　）。

A. double fun(int x,int y)　　　　　　B. double fun(int x,y);

C. double fun(int x,int y);　　　　　　D. double fun(int x;int y)

10. 设 a、b 和 c 都是 int 型变量，且 $a＝3$、$b＝4$、$c＝5$，则下面的表达式中，值为 0 的表达式是（　　　）。

A. 'a'&&'b'   B. a<=b

C. ！((a<b)&&！c||1)   D. a||+c&&b-c

11. 有以下程序：

```
main( )
{
 int a[][3]={{1,2,3},{4,5,0}},(*pa)[3],i;
 pa=a;
 for(i=0;i<3;i++)
   if(i<2)  pa[1][i]=pa[1][i]-1;
   else        pa[1][i]=1;
 printf("%d\n",a[0][1]+a[1][1]+a[1][2]);
}
```

执行后输出结果是(   )。

　　A. 无确定值　　　　B. 6　　　　　　　C. 8　　　　　　　　D. 7

12. 若指针 p 已正确定义，要使 p 指向两个连续的整型动态存储单元，不正确的语句是(   )。

　　A. p=(int*)malloc(2*sizeof(int))

　　B. p=2*(int*)malloc(sizeof(int));

　　C. p=(int*)malloc(2*2)

　　D. p=(int*)calloc(2,sizeof(int))

13. 有以下程序：

```
#include<string.h>
main( )
{
 char p[20]={'a','b','c','d'},q[]="abc",r[]="abcde";
 strcpy(p+strlen(q),r);   strcat(p,q);
 printf("%d%d\n",sizeof(p),strlen(p));
}
```

程序运行后的输出结果是(   )。

　　A. 20 9　　　　　　B. 9 9　　　　　　C. 11 11　　　　D. 20 11

14. 以下叙述中正确的是(   )。

　　A. break 语句只能用在循环体内和 switch 语句体中

　　B. 在循环内使用 break 语句和 continue 语句的作用相同

　　C. continue 语句的作用是：使程序的执行流程跳出包含它的所有循环

　　D. break 语句只能用于 switch 语句体中

15. 设 int a=12,则执行完语句 a+=a-=a*a 后,a 的值是(   )。

　　A. 144　　　　　　　B. 552　　　　　　C. -264　　　　　D. 264

16. 以下程序的输出结果是(　　)。

```c
#include < stdio. h>
#define FUDGE(y)      2.84 + y
#define PR(a)         printf(" % d",(int)(a) )
#define PRINT1(a)     PR(a);putchar('\n')
main()
{
    int x = 2;
    PRINT1(FUDGE(5) * x);
}
```

A. 11　　　　　　　B. 15　　　　　　　C. 13　　　　　　　D. 12

17. 以下程序输出正确的是(　　)。

```c
amovep(int  * p,int ( * a)[3],int n)
{
 int i,j;
 for(i = 0;i < n;i++)
  for(j = 0;j < n;j++) {   * p = a[i][j];   p++;   }
}
main( )
{
 int   * p,a[3][3] = {{1,3,5},{2,4,6}};
 p = (int * )malloc(100);
 amovep(p,a,3);
 printf(" % d % d\n",p[2],p[5]);free(p);
}
```

A. 34　　　　　　　B. 25　　　　　　　C. 56　　　　　　　D. 程序错误

18. 下面程序：

```c
#include < stdio. h>
#include < string. h>
main()
{
    char s[20] = "abc", * p1 = s, * p2 = "ABC",str[50] = "xyz";
    strcpy(str + 2,strcat(p1,p2) );
    printf(" % s\n",str);
}
```

的输出是(　　)。

A. yzabcABC　　　　B. zabcABC　　　　C. xyzabcABC　　　　D. xyabcABC

19. 下面描述正确的是(　　)。

A. 字符串"STOP_"与"STOP"相等(_表示空格)

B. 字符个数多的字符串比字符个数少的字符串大

C. 两个字符串所包含的字符个数相同时,才能比较字符串

D. 字符串"That"小于字符串"The"

20. 有以下程序

```
#include <stdio.h>
void  fun(char  *t, char  *s)
{
while( *t!=0 )  t++;
while(( *t++ = *s++)!=0);
}
main( )
{
  char  ss[10] = "acc",aa[10] = "bbxxyy";
  fun(ss,aa);    printf("%s, %s\n",ss,aa);
}
```

程序的运行结果是(　　)。

    A. accbbxxyy,bbxxyy   B. acc,bbxxyy

    C. accxxyy,bbxxyy   D. accxyy,bbxxyy

21. 假定以下程序经编译和连接后生成可执行文件 PROG.EXE,如果在此可执行文件所在目录的 DOS 提示符下输入"PROG ABCDEFGHIJKL ↙",则输出结果为(　　)。

```
main(int  argc, char  *argv[])
{
  while( -- argc > 0) printf("%s",argv[argc]);
  printf("\n");
}
```

    A. IJKLABCDEFGH   B. IJHL

    C. ABCDEFGHIJKL   D. ABCDEFG

22. 对于一个正常运行的 C 程序,以下叙述中正确的是(　　)。

    A. 程序执行总是从程序中的第一个函数开始,在程序的最后一个函数中结束

    B. 程序的执行总是从程序的第一个函数开始,在 main 函数结束

    C. 程序的执行总是从 main 函数开始,在程序的最后一个函数中结束

    D. 程序的执行总是从 main 函数开始,在 main 函数结束

23. 若 a、b、$c1$、$c2$、x、y 均是整型变量,正确的 switch 语句是(　　)。

    ①

```
switch(a + b);
{  case 1:y = a + b;break;
   case 0:y = a - b;break;
}
```

②

```
switch(a * a + b * b)
{   case 3:
    case 1:y = a + b;break;
    case 3:y = b - a;break;
}
```

③

```
switch  a
{   case c1:y = a - b;break;
    case c2:x = a * b;break;
    default:x = a + b;
}
```

④

```
switch (a - b)
{   default:y = a * b;break;
    case   3:case 4:x = a + b;break;
    case 10:case 11:y = a - b;break;
}
```

    A. ③   B. ②   C. ①   D. ④

24. C 源程序中不能表示的数制是（　　）。

    A. 八进制   B. 十进制   C. 十六进制   D. 二进制

25. 下面程序的功能是输出以下形式的金字塔图案：

```
      *
     ***
    *****
   *******
```

```
main( )
{
  int i,j;
  for(i = 1;i <= 4;i++)
  {
    for(j = 1;j <= 4 - i;j++)  printf(" ");
    for(j = 1;j <= _____;j++)  printf(" * ");
    printf("\n");
  }
}
```

在下划线处应填入的是（　　）。

A. $2*i-1$ B. i C. $2*i+1$ D. $i+2$

26. 以下 4 组用户定义标识符中,全部合法的一组是(   )。

①	②	③	④
_main	If	txt	int
enclude	−max	REAL	k_2
sin	turbo	3COM	_001

A. ②   B. ①   C. ③   D. ④

27. 有如下程序:

```
#define  N  2
#define  M  N+1
#define  NUM  2*M+1
main()
{  int  i;
    for(i=1;i<=NUM;i++)printf("%d\n",i);
}
```

该程序中的 for 循环执行的次数是(   )。

A. 8   B. 6   C. 7   D. 5

28. 若有以下说明:

```
int a[12]={1,2,3,4,5,6,7,8,9,10,11,12};
char c='a',d,g;
```

则值为 4 的表达式是(   )。

A. $a[g-c]$ B. $a[4]$ C. $a['d'-c]$ D. $a['d'-'c']$

29. 设变量已正确定义并赋值,以下正确的表达式是(   )。

A. int(15.8%5)   B. $x=y*5=x+z$

C. $x=y+z+5,++y$ D. $x=25\%5.0$

30. 以下正确的定义语句是(   )。

A. double y[][3]={0};

B. float x[3][]={{1},{2},{3}};

C. long b[2][3]={{1},(1,2),{1,2,3}};

D. int a[1][4]={1,2,3,4,5};

二、填空题(每题 4 分,共 20 分)

1. 以下程序的输出结果是_____。

```
main( )
{
 int  a=177;
 printf("%o\n",a);
}
```

2. 若有如下结构体说明：

```
struct STRU
{
  int a,b;char c: double d;
  struct STRU * p1, * p2;
};
```

请填空，以完成对 t 数组的定义，t 数组的每个元素为该结构体类型。

_____ t[20]

3. 以下程序的输出结果是_____。

```
main( )
{
  unsigned short  a = 65536;  int b;
  printf(" % d\n",b = a);
}
```

4. 若有定义语句"char s[100],d[100];int j＝0,i＝0;"且 s 中已赋字符串，请填空以实现复制。（注：不使用逗号表达式）

```
while(s[i]) { d[j] = _____; j++; }
d[ j] = 0;
```

5. 设 y 为 int 型变量，请写出描述"y 是奇数"的表达式_____。

三、编程题（每题 10 分，共 20 分）

1. 在以下给定程序中，函数 fun 的功能是：在 x 数组中放入 n 个采样值，计算并输出差值。

例如，$s = \sum_{k=1}^{n} \frac{(x_k - x)^2}{n}$，其中，$x = \sum_{k=1}^{n} \frac{x_k}{n}$，$n = 8$，输入 193.199、195.673、195.757、196.051、196.092、196.596、196.579、196.763 时，结果应为 1.135901。

请改正程序中的错误，使它能得出正确结果。

注意：不要改动 main 函数，不得增行或删行，也不得更改程序的结构。

```
#include < conio. h>
#include < stdio. h>
#include < stdlib. h>
float fun(float x[ ],int n)
{   int j;float xa = 0.0,s;
    for (j = 0;j < n;j++)
      xa += x[j]/n;
    s = 0;
```

```
   for(j = 0;j < n;j++)
/ ************ found ************ /
      s += (x[j] − xa) * (x[j] − xa)/n
    return s;
}
main()
{
 float x[100] = {193.199,195.673,195.757,196.051,196.092,196.596,196.579,196.763};
 system("cls");
 printf(" % f\n",fun(x,8));
}
```

2. 以下给定程序的功能是将 n 个人员的考试成绩进行分段统计,考试成绩在 a 数组中,各分段人数存到 b 数组中:成绩为 60～69 分的人数存到 b[0]中,成绩为 70～79 分的人数存到 b[1],成绩为 80～89 分的人数存到 b[2],成绩为 90～99 分的人数存到 b[3],成绩为 100 分的人数存放到 b[4],成绩为 60 分以下的人数存放到 b[5]中。

例如,当 a 数组中的数据是 93、85、77、68、59、43、94、75、98。

调用该函数后,b 数组中存放的数据是 1、2、1、3、0、2。

请在程序的下划线处填入正确的内容并把下划线删除,使程序得出正确的结果。

注意:不要改动 main 函数,不得增行或删行,也不得更改程序的结构。

```
#include < stdio. h >
void fun( int a[ ], int b[ ], int n)
{
    int   i;
    for (i = 0; i < 6; i++)   b[i] = 0;
/ ************** found ************** /
    for (i = 0; i <      【1】          ; i++)
     if (a[i] < 60)   b[5]++;
/ ************** found ************** /
         【2】    b[(a[i] − 60)/10]++;
}
main( )
{   int   i, a[100] = { 93, 85, 77, 68, 59, 43, 94, 75, 98}, b[6];
/ ************** found ************** /
    fun(      【3】      , 9);
    printf("the result is: ");
    for (i = 0; i < 6; i++)   printf("% d ", b[i]);
    printf("\n");
}
```

3.2 综合测试二

一、单项选择题（每题 **2** 分，共 **60** 分）

1. 有以下程序：

```
main( )
{ union{  unsigned  int  n;
          unsigned  char  c;
        }ul;
     ul.c = 'A';
     printf("%c\n",ul.n);
}
```

执行后输出结果是（   ）。

    A. 65   B. 随机值   C. A   D. 产生语法错

2. 下面程序段：

```
for (t = 1; t <= 100; t++)
  {
      scanf ("%d",&x);
      if (x < 0)  continue;
      printf("%3d",x);
  }
```

    A. 当 $x < 0$ 时整个循环结束   B. printf 函数永远也不执行

    C. $x \geqslant 0$ 时什么也不输出   D. 最多允许输出 100 个非负整数

3. 若有定义：

int aa[8];

则以下表达式中不能代表数组元素 aa[1] 的地址的是（   ）。

    A. aa+1   B. &aa[1]   C. aa[0]++   D. &aa[0]+1

4. 设 a、b、c、d、m、n 均为 int 型变量，且 $a=5$、$b=6$、$c=7$、$d=8$、$m=2$、$n=2$ 则逻辑表达式 $(m=a>b)$&&$(n=c>d)$ 运算后，n 的值为（   ）。

    A. 0   B. 3   C. 2   D. 1

5. 设变量已正确定义并赋值，以下正确的表达式是（   ）。

    A. x=y+z+5，++y   B. int(15.8%5)

    C. x=y*5=x+z   D. x=25%5.0

6. 以下程序的输出结果是（   ）。

```
main( )
{
    int  k = 17;
    printf("%d,%o,%x\n",k,k,k);
}
```

A. 17,17,17   B. 17,021,0x11   C. 17,0x11,021   D. 17,21,11

7. 阅读以下程序：

```
main( )
{  int  x;
   scanf("%d",&x);
   if(x--<5)   printf("%d\n",x);
   else       printf("%d\n",x++);
}
```

程序运行后，如果从键盘上输入"5"，则输出结果是（   ）。

     A. 6   B. 4   C. 5   D. 3

8. 以下叙述中正确的是（   ）。

     A. C 程序中注释部分可以出现在程序中任意合适的地方

     B. 分号是 C 语句之间的分隔符，不是语句的一部分

     C. 构成 C 程序的基本单位是函数，所有函数名都可以由用户命名

     D. 花括号"{"和"}"只能作为函数体的定界符

9. 以下所列的各函数声明中，正确的是（   ）。

     A. void play(int a,b)

     B. void play(var a:Integer,var b:Integer)

     C. void play(int a,int b)

     D. Sub play(a as integer,b as integer)

10. 假设所有变量均为整型，则表达式(a=2,b=5,b++,a+b)的值是（   ）。

     A. 7   B. 2   C. 6   D. 8

11. 有以下程序：

```
main( )
{ char s[] = "ABCD", *p;
 for(p=s+1;p<s+4;p++)printf("%s\n",p);
}
```

程序运行后的输出结果是（   ）。

A. A	B. ABCD	C. B	D. BCD
B	BCD	C	CD
C	CD	D	D
	D		

12. 设有以下定义和语句：

```
char   str[20]= "Program", *p;
p = str;
```

则以下叙述中正确的是（   ）。

A. str 与 p 的类型完全相同

B. *P 与 str[0]中的值相等

C. str 数组长度和 p 所指向的字符串长度相等

D. 数组 str 中存放的内容和指针变量 p 中存放的内容相同

13. 设有如下的程序段：

```
char str[] = "Hello";
char *ptr;
ptr = str;
```

执行完上面的程序段后，*(ptr+5)的值为（　　）。

    A. 'o'的地址　　　　B. '\0'　　　　　C. 不确定的值　　　D. 'o'

14. 有以下程序：

```
main( )
{ int k = 4,n = 0;
 for( ; n < k ; )
 { n++;
    if(n % 3!= 0)  continue;
    k -- ; }
 printf(" % d, % d\n",k,n);
}
```

程序运行后的输出结果是（　　）。

    A. 4,4　　　　　　B. 2,2　　　　　　C. 3,3　　　　　　D. 1,1

15. 设有定义：

```
float a = 2,b = 4,h = 3;
```

以下 C 语言表达式中与代数式 $1/2(a+b)h$ 计算结果不相符的是（　　）。

    A. h/2 * (a+b)　　　　　　　　　　B. (1/2) * (a+b) * h

    C. (a+b) * h * 1/2　　　　　　　　D. (a+b) * h/2

16. 有以下程序：

```
#define   f(x)   (x * x)
main()
{    int   i1,i2;
    i1 = f(8)/f(4);
    i2 = f(4 + 4)/f(2 + 2);
    printf(" % d, % d\n",i1,i2);
}
```

程序运行后的输出结果是（　　）。

A. 64,28   B. 4,4   C. 64,64   D. 4,3

17. 有以下程序:

```
main( )
{ int i,s = 0;
  for(i = 1;i < 10;i += 2) s += i + 1;
  printf(" % d\n",s);
}
```

程序执行后的输出结果是(   )。

    A. 自然数 1~10 的累加和

    B. 自然数 1~9 的累加和

    C. 自然数 1~9 中奇数之和

    D. 自然数 1~10 中偶数之和

18. 当执行下面的程序时,如果输入 ABC,则输出结果是(   )。

```
#include   "stdio. h"
#include   "string. h"
main( )
{ char   ss[10] = "12345";
  gets(ss); strcat(ss,"6789");
  printf(" % s\n",ss);
}
```

    A. ABC67   B. ABC6789   C. 12345ABC6   D. ABC456789

19. 有以下程序:

```
main( )
{
 int a[3][3], * p,i;
 p = &a[0][0];
 for(i = 0;i < 9;i++) p[i] = i;
 for(i = 0;i < 3;i++) printf(" % d",a[1][i]);
}
```

程序运行后的输出结果是(   )。

    A. 345   B. 123   C. 234   D. 012

20. 有以下程序:

```
main( )
{ int   a = 1,b = 3,c = 5;
 int   * p1 = &a, * p2 = &b, * p = &c;
 * p = * p1 * ( * p2);
 printf(" % d\n",c);
}
```

执行后的输出结果是( )。

 A. 2 B. 1 C. 3 D. 4

21. 假定以下程序经编译和连接后生成可执行文件 PROG.EXE,如果在此可执行文件所在目录的 DOS 提示符下输入"PROG ABCDEFGHIJKL ↙",则输出结果为( )。

```
main(int  argc, char ∗ argv[])
{  while( -- argc > 0) printf(" % s",argv[argc]);
   printf("\n");
}
```

 A. IJHL B. ABCDEFG
 C. ABCDEFGHIJKL D. IJKLABCDEFGH

22. 以下叙述正确的是( )。

 A. C 语言可以不用编译就能被计算机识别执行

 B. C 语言比其他语言高级

 C. C 语言以接近英语国家的自然语言和数学语言作为语言的表达形式

 D. C 语言出现的最晚、具有其他语言的一切优点

23. 有以下程序:

```
main()
{  int c;
   while((c = getchar() )!= '\n') {
      switch(c - '2') {
         case 0: case 1: putchar(c + 4);
         case 2:putchar(c + 4);break;
         case 3:putchar(c + 3);
         default:putchar(c + 2);break; }
   }
}
```

从第一列开始输入以下数据,↙代表一个回车符。

2473 ↙

程序的输出结果是( )。

 A. 6688766 B. 668966 C. 66778777 D. 668977

24. 与十进制数 200 等值的十六进制数为( )。

 A. C8 B. A8 C. C4 D. A4

25. 下面程序:

```
main()
{  int x = 100, a = 10, b = 20, ok1 = 5, ok2 = 0;
   if(a < b)
      if(b!= 15)
         if(!ok1)  x = 1;
```

```
    else if(ok2)    x = 10;
  x = -1;
  printf(" % d\n",x);
}
```

执行后的输出结果是(   )。

    A. -1   B. 0   C. 1   D. 不确定的值

26. 以下 4 组用户定义标识符中,全部合法的一组是(   )。

①	②	③	④
_main	If	txt	int
enclude	-max	REAL	k_2
sin	turbo	3COM	_001

    A. ②   B. ①   C. ③   D. ④

27. 阅读以下函数:

```
fun(char  * sl,char  * s2)
{   int   i = 0;
    while(sl[i] == s2[i]&&s2[i]!= '\0') i++;
    return(sl[i] == '\0'&&s2[i] == '\0');
}
```

此函数的功能是(   )。

    A. 比较 s1 和 s2 所指字符串的大小,若 s1 比 s2 的大,函数值为 1,否则函数值为 0

    B. 将 s2 所指字符串赋给 s1

    C. 比较 s1 和 s2 所指字符串是否相等,若相等,函数值为 1,否则函数值为 0

    D. 比较 s1 和 s2 所指字符串的长度,若 s1 比 s2 的长,函数值为 1,否则函数值为 0

28. 以下程序的输出结果是(   )。

```
main( )
{  int   n[3][3],  i,  j;
   for(i = 0;i < 3;i++)
       for(j = 0;j < 3;j++)   n[i][j] = i + j;
   for(i = 0;i < 2;i++)
       for(j = 0;j < 2;j++)   n[i+1][j+1] += n[i][j];
   printf(" % d\n",n[i][j]);
}
```

    A. 14   B. 0   C. 6   D. 值不确定

29. C 语言运算对象必须是整型的运算符是(   )。

    A. /   B. %   C. =   D. <=

30. 假定 int 类型变量占用两个字节,若有定义:

int x[10] = {0,2,4};

则数组 x 在内存中所占字节数是(　　　)。

　　A. 3　　　　　　　　B. 6　　　　　　　　C. 20　　　　　　　　D. 10

二、填空题(每题 4 分,共 20 分)

1. 已有定义"int i , j ; float x;"为将−10 赋给 i,12 赋给 j,410.34 赋给 x,则对应以下
scanf 函数调用语句的数据输入形式是_____。

```
scanf("%o%x%e",&i,&j,&x);
```

提示:<CR>代表回车,_代表空格。

2. 若二维数组 a 有 m 列,则计算任一元素 a[i][j]在数组中位置的公式为:
_____。(假设 a[0][0]位于数组的第一个位置上。)

3. 以下程序运行后的输出结果是_____。

```
main( )
{ int  x, a=1,b=2, c=3, d=4;
  x=(a<b)?a:b;   x=(x<c)? x:c;    x=(d>x)?x:d;
  printf ("%d\n", x);
}
```

4. 执行下面程序段后,k 值是_____。

```
k=1;n=263;
do{k*=n%10; n/=10; } while(n);
```

5. 设 x、y、z 均为 int 型变量,请写出描述"x 或 y 中至少有一个小于 z"的表达
式_____。

三、编程题(每题 10 分,共 20 分)

1. 在以下给定的程序中,fun 函数的功能是:将 n 个无序整数从小到大排序。请改正
程序中的错误,使它能得出正确结果。

注意:不要改动 main 函数,不得增行或删行,也不得更改程序的结构。

```
#include<conio.h>
#include<stdio.h>
#include<stdlib.h>
fun(int n,int *a)
{int i,j,p,t;
 for (j=0;j<n-1;j++)
 {p=j;
/ ************ found ************ /
 for (i=j+1;i<n-1;i++)
    if (a[p]>a[i])
/ ************ found ************ /
      t=i;
```

```
    if (p!= j)
    {t = a[j];a[j] = a[p];a[p] = t;}
    }
}


putarr(int n,int  ∗ z)
    {int i;
     for (i = 1;i < = n;i++,z++)
        {printf(" % 4d", ∗ z);
         if (!(i % 10)) printf("\n");
    }      printf("\n");
    }


main()
    { int aa[20] = {9,3,0,4,1,2,5,6,8,10,7},n = 11;
      system("cls");
      printf("\n\nBefore sorting % d numbers:\n",n);putarr(n,aa);
      fun(n,aa);
      printf("\nAfter sorting % d numbers:\n",n);putarr(n,aa);
    }
```

2. 给定程序的功能是计算 score 中 m 个人的平均成绩 aver,将低于 aver 的成绩放在 blow 中,通过函数名返回人数。

例如,当 score＝{10,20,30,40,50,60,70,80,90},m＝9 时,函数返回的人数应该是 4, below＝{10,20,30,40}。

请在程序的下划线处填入正确的内容并把下划线删除,使程序得出正确的结果。

注意:不要改动 main 函数,不得增行或删行,也不得更改程序的结构。

```
#include < stdio.h >
#include < string.h >
int fun(int score[], int m, int below[])
{
  int i, j = 0 ;
  float aver = 0.0 ;
  for(i = 0 ; i < m ; i++) aver  += score[i] ;
  aver / = (float) m ;
  for(i = 0 ; i < m ; i++)
/ ∗∗∗∗∗∗∗∗∗∗∗∗∗∗ found ∗∗∗∗∗∗∗∗∗∗∗∗∗∗ /
    if(score[i] < aver) below[j++] =     【1】     ;
  return j ;
}
main( )
{ int i, n, below[9] ;
  int score[9] = {10, 20, 30, 40, 50, 60, 70, 80, 90} ;
/ ∗∗∗∗∗∗∗∗∗∗∗∗∗∗ found ∗∗∗∗∗∗∗∗∗∗∗∗∗∗ /
```

```
    n = fun(score, 9,    【2】    );
    printf( "\nBelow the average score are: " );
/ *************** found *************** /
    for (i = 0 ; i < n ; i++)  printf("% d ",    【3】    );
}
```

3.3 综合测试三

一、单项选择题（每题 **2** 分，共 **60** 分）

1. 设 x、y 均为 int 型变量，且 $x=10$、$y=3$，则以下语句的输出结果是（   ）。

```
printf("% d, % d\n",x--, -- y)
```

    A. 9,2　　　　　　B. 9,3　　　　　　C. 10,3　　　　　　D. 10,2

2. 以下程序中的函数 reverse 的功能是将 a 所指数组中的内容进行逆置。

```
void reverse(int a[ ],int n)
    {int i,t;
     for(i = 0;i < n/2;i++)
        {t = a[i];a[i] = a[n - 1 - i];a[n - 1 - i] = t;}
    }
main()
    {int b[10] = {1,2,3,4,5,6,7,8,9,10}; int i,s = 0;
     reverse(b,8);
     for(i = 6;i < 10;i++) s += b[i];
     printf("% d\n",s);
    }
```

程序运行后的输出结果是（   ）。

    A. 22　　　　　　B. 30　　　　　　C. 34　　　　　　D. 10

3. 有两个字符数组 a、b，则以下正确的输入语句是（   ）。

    A. scanf ("%s%s",&a,&b);　　　　　　B. scanf ("%s%s",a ,b);

    C. gets (a,b);　　　　　　D. gets ("a"),gets ("b")

4. 若有说明：

```
int n = 2, * p = &n, * q = p;
```

则以下非法的赋值语句是（   ）。

    A. p＝n;　　　　B. * p＝* q;　　　　C. n＝* q;　　　　D. p＝q;

5. 以下选项中不合法的标识符是（   ）。

    A. &a　　　　　　B. FOR　　　　　C. print　　　　D. _00

6. 以下定义语句中，错误的是（   ）。

    A. char * a[3];　　　　　　B. int a[]＝{1,2};

C. char s[10]＝"test"; D. int n＝5,a[n];

7. 以下程序的运行结果是(　　　)

```
main ( )
{ int k = 4,a = 3,b = 2,c = 1;
  printf ("\n % d\n", k < a? k: c < b? c: a);
}
```

A. 1 B. 3 C. 2 D. 4

8. 以下叙述中正确的是(　　　)。

A. C 程序中注释部分可以出现在程序中任意合适的地方

B. 构成 C 程序的基本单位是函数,所有函数名都可以由用户命名

C. 花括号"{"和"}"只能作为函数体的定界符

D. 分号是 C 语句之间的分隔符,不是语句的一部分

9. 以下正确的函数定义形式是(　　　)。

A. double fun(int x,int y); B. double fun(int x;int y)

C. double fun(int x,int y) D. double fun(int x,y);

10. 假设所有变量均为整型,则表达式(a=2,b=5,b++,a+b)的值是(　　　)。

A. 7 B. 8 C. 2 D. 6

11. 设有以下函数:

```
f(int   a)
{   int   b = 0;
    static int c = 3;
    b++;c++;
    return(a + b + c);
}
```

如果在下面的程序中调用该函数,则输出结果是(　　　)。

```
main()
{   int   a = 2, i;
    for(i = 0;i < 3;i++) printf(" % d\n",f(a));
}
```

A. 7	B. 7	C. 7	D. 7
8	9	10	7
9	11	13	7

12. 设有定义:

```
int   n1 = 0,n2, * p = &n2, * q = &n1;
```

以下赋值语句中与"n2＝n1;"语句等价的是(　　　)。

  A. ＊p＝&n1；   B. p＝q；   C. ＊p＝＊q；   D. p＝＊q；

13. 以下程序的输出结果是( )。

```
main()
{  char w[][10] = {"ABCD","EFGH","IJKL","MNOP"},k;
    for(k = 1;k < 3;k++)  printf("% s\n",w[k]);
}
```

  A. ABCD   B. ABCD   C. EFG   D. EFGH

   EFG   FGH   JK   IJKL

   IJ   KL   O

   M

14. 以下叙述中正确的是( )。

  A. 在循环内使用 break 语句和 continue 语句的作用相同

  B. continue 语句的作用是：使程序的执行流程跳出包含它的所有循环

  C. break 语句只能用在循环体内和 switch 语句体中

  D. break 语句只能用于 switch 语句体中

15. 表达式"10! ＝9"的值是( )。

  A. 非零值   B. true   C. 0   D. 1

16. 有如下程序：

```
#define  N  2
#define  M  N + 1
#define  NUM  2 * M + 1
main()
{
    int  i;
    for(i = 1; i <= NUM; i++)
      printf("% d\n",i);
}
```

  该程序中的 for 循环执行的次数是( )。

  A. 5   B. 8   C. 7   D. 6

17. 有以下程序

```
main()
{  int i,s = 0;
   for(i = 1;i < 10;i += 2) s += i + 1;
   printf("% d\n",s);
}
```

  程序执行后的输出结果是( )。

  A. 自然数 1～10 中偶数之和   B. 自然数 1～9 中奇数之和

C. 自然数 1～9 的累加和   D. 自然数 1～10 的累加和

18. 有以下程序

```
int fun(int n)
{ if(n==1) return 1;
  else
  return(n+fun(n-1));
}
main()
{ int x;
  scanf("%d",&x);x=fun(x);printf("%d\n",x);
}
```

执行程序时,给变量 x 输入 10,程序的输出结果是(　　)。

  A. 65   B. 54   C. 55   D. 45

19. 对以下说明语句的正确理解是(　　)。

```
int a[10]={6,7,8,9,10};
```

  A. 将 5 个初值依次赋给 a[0]至 a[4]

  B. 将 5 个初值依次赋给 a[1]至 a[5]

  C. 将 5 个初值依次赋给 a[6]至 a[10]

  D. 因为数组长度与初值的个数不相同,所以此语句不正确

20. 有以下程序:

```
point(char *p){p+=3;}
main()
{ char b[4]={'a','b','c','d'},*p=b;
  point(p);
  printf("%c\n",*p);
}
```

程序运行后的输出结果是(　　)。

  A. c   B. b   C. a   D. d

21. 假定以下程序经编译和连接后生成可执行文件 PROG. EXE,如果在此可执行文件所在目录的 DOS 提示符下输入"PROG ABCDEFGHIJKL ↙",则输出结果为(　　)。

```
main(int argc, char *argv[])
{  while(--argc>0) printf("%s",argv[argc]);
   printf("\n");
}
```

  A. IJHL   B. ABCDEFG

  C. ABCDEFGHIJKL   D. IJKLABCDEFGH

22. 下列叙述错误的是（　　　）。

   A. 一个 C 函数可以单独作为一个 C 程序文件存在

   B. C 程序可以由多个程序文件组成

   C. C 程序可以由一个或多个函数组成

   D. 一个 C 语言程序只能实现一种算法

23. 有以下程序：

```
main()
{  char k; int i;
   for(i = 1;i < 3;i++)
   { scanf(" % c",&k);
     switch(k)
     { case '0': printf("another\n");
       case '1': printf("number\n");
     }
   }
}
```

程序运行时,从键盘输入"01✓",程序执行后的输出结果是（　　　）。

   A. another   B. another

      number   number

      another

   C. another   D. number

      number   number

      number

24. 已知字母 A 的 ASCII 码为十进制数 65,且 c2 为字符型,则执行语句"c2 = 'A' + '6' − '3';"后,c2 中的值为（　　　）。

   A. C   B. 不确定的值   C. D   D. 68

25. 有以下程序：

```
main( )
{ int x[ ] = {1,3,5,7,2,4,6,0},i,j,k;
 for(i = 0;i < 3;i++)
  for (j = 2;j >= i;j-- )
   if(x[j + 1] > x[j]){  k = x[j];x[j] = x[j + 1];x[j + 1] = k;}
 for (i = 0;i < 3;i++)
   for(j = 4;j < 7 - i;j++)
    if(x[j] > x[j + 1]){ k = x[j];x[j] = x[j + 1];x[j + 1] = k;}
 for (i = 0;i < 8;i++) printf(" % d",x[i]);
  printf("\n");
}
```

程序运行后的输出结果是（　　　）。

   A. 01234567   B. 75310246   C. 76310462   D. 13570246

26. 可在 C 程序中用做用户标识符的一组标识符是（   ）。
    A. and   B. case   C. Hi   D. Date
       _2007   Bigl   Dr. Tom   y—m—d

27. 以下程序的输出结果是（   ）。

```
main()
{   int i, k, a[10], p[3];
    k = 5;
    for(i = 0;i < 10;i++) a[i] = i;
    for(i = 0;i < 3;   i++) p[i] = a[i * (i + 1)];
    for(i = 0;i < 3;   i++) k += p[i] * 2;
    printf(" % d\n",k);
}
```

    A. 21   B. 20   C. 22   D. 23

28. 设有如下的程序段：

```
char str[ ] = "Hello";
char * ptr;
ptr = str;
```

执行完上面的程序段后，*(ptr＋5)的值为（   ）。
    A. 'o'的地址   B. '\0'   C. 不确定的值   D. 'o'

29. 在 C 语言中,合法的长整型常数是（   ）。
    A. 324562&   B. 4962710   C. OL   D. 216D

30. 以下程序段中,不能正确赋字符串(编译时系统会提示错误)的是（   ）。
    A. char s[10];strcpy(s,"abcdefg");   B. char t[]="abcdefg", * s=t;
    C. char s[10];s＝"abcdefg";   D. char s[10]＝"abcdefg";

二、填空题(每题 4 分,共 20 分)

1. 设 x、y 和 z 都是 int 型变量,m 为 long 型变量,则在 16 位微型机上执行下面赋值语句后,y 值为_____,z 值为_____,m 值为_____。

```
y = (x = 32767,x - 1);
z = m = 0Xffff;
```

2. 若二维数组 a 有 m 列,则计算任一元素 a[i][j]在数组中位置的公式为：_____。(假设 a[0][0]位于数组的第一个位置上。)

3. 若 a、b 和 c 均是 int 型变量,则计算表达式后,a 值为_____,b 值为_____,c 值为_____。

```
a = (b = 4) + (c = 2)
```

4. 设有如下程序:

```
main ( )
{  int  n1,n2;
   scanf(" % d",&n2);
   while(n2!= 0)
   { n1 = n2 % 10;
     n2 = n2/10;
     printf(" % d",n1);
   }
}
```

程序运行后,如果从键盘上输入"1298",则输出结果为_____。

5. 有"int x,y,z;"且 $x=3$、$y=-4$、$z=5$,则表达式 x++ -y + (++z) 的值为_____。

三、编程题(每题 10 分,共 20 分)

1. 在以下给定的程序中,函数 fun 的功能是:求广义斐波那契级数的第 n 项。1,1,1,3,5,9,17,31……项值通过函数返回 main()函数。

例如,若 $n=15$,则应输出:2209。

请改正函数 fun 中的语法错误,使它能计算出正确的结果。

注意:不要改动 main 函数,不得增行或删行,也不得更改程序的结构。

```
#include < conio. h >
#include < stdio. h >
#include < stdlib. h >
long  fun (  int  n )
{  long  a = 1, b = 1, c = 1, d = 1, k;
/ * * * * * * * * * * * * found * * * * * * * * * * * * /
    for (k = 4,k < = n,k++)
    {  d = a + b + c;
/ * * * * * * * * * * * * found * * * * * * * * * * * * /
       a = b,b = c,c = d
    }
    return  d;
}
main( )
{  int  n = 15;
   system("cls");
   printf( "The value is: % ld\n",  fun ( n ) );
}
```

2. 给定程序的功能是将在字符串 s 中出现而未在字符串 t 中出现的字符形成一个新的字符串放在 u 中,u 中字符按原字符串字符顺序排列,不去掉重复字符。

例如,当 s="112345",t="2467"时,u 中的字符串为"1135"。

请在程序的下划线处填入正确的内容并把下划线删除,使程序得出正确的结果。

注意：不要改动 main 函数，不得增行或删行，也不得更改程序的结构。

```
#include < stdio. h>
#include < string. h>
void fun (char * s,char * t, char * u)
{   int    i, j, sl, tl;
    sl = strlen(s);    tl = strlen(t);
    for (i = 0; i < sl; i++)
    {   for (j = 0; j < tl; j++)
/ *********** found *********** /
        if (s[i] == t[j])      【1】      ;
        if (j >= tl)
/ *********** found *********** /
          * u++ =      【2】      ;
    }
/ *********** found *********** /
         【3】      = '\0';
}
main( )
{   char    s[100], t[100], u[100];
    printf("\nPlease enter string s:"); scanf(" % s", s);
    printf("\nPlease enter string t:"); scanf(" % s", t);
    fun(s, t, u);
    printf("the result is: % s\n", u);
}
```

3.4   综合测试四

一、单项选择题（每题 2 分，共 60 分）

1. 以下程序的输出结果是（   ）。

```
main()
{   char   c = 'z';
    printf(" % c",c - 25);
}
```

    A. z　　　　　　　　B. a　　　　　　　　C. z－25　　　　　　D. y

2. 下面程序的运行结果是（   ）。

```
#include "stdio. h"
main ( )
{   int i;
    for (i = 1;i < = 5; i++)
      {if (i % 2 )  printf (" * ");
          else     continue;
        printf (" # ");
```

```
        }
    printf ("$\n");
}
```

   A. *#*#*#$ B. #*#*$

   C. *#*#$ D. #*#*#*$

3. 若有说明"int a[10];"则对 a 数组元素的正确引用是(　　)。

   A. a[3.5]   B. a [10]   C. a(5)   D. a [10−10]

4. 已知 ch 是字符型变量,下面正确的赋值语句是(　　)。

   A. ='123';   B. ch='\08';   C. ch='\xff';   D. ch='\'

5. 在 C 语言中,不正确的 int 类型的常数是(　　)。

   A. 037   B. 0   C. 32768   D. 0xAF

6. 以下选项中,合法的一组 C 语言数值常量是(　　)。

   A. .177   4e1.5   0abc   B. 12.   0Xa23   4.5e0

   C. 028   .5e−3   −0xf   D. 0x8A   10,000   3.e5

7. 有以下程序

```
int  * f(int   * x, int   * y)
{  if( * x< * y)
      return   x;
   else
      return   y;
}
main( )
{  int a = 7, b = 8, * p, * q, * r;
   p = &a;      q = &b;
   r = f(p,q);
   printf(" % d, % d, % d\n", * p, * q, * r);
}
```

执行后输出结果是(　　)。

   A. 7,8,7   B. 8,7,7   C. 8,7,8   D. 7,8,8

8. 以下叙述中正确的是(　　)。

   A. C 程序中注释部分可以出现在程序中任意合适的地方

   B. 构成 C 程序的基本单位是函数,所有函数名都可以由用户命名

   C. 花括号"{"和"}"只能作为函数体的定界符

   D. 分号是 C 语句之间的分隔符,不是语句的一部分

9. 下列叙述中正确的是(　　)。

   A. C 程序中所有函数之间都可以相互调用,与函数所在位置无关

   B. 在 C 程序中 main()函数的位置是固定的

   C. 每一个 C 程序文件中都必须要有一个 main()函数

   D. 在 C 程序的函数中不能定义另一个函数

10. 假设所有变量均为整型,则表达式(a＝2,b＝5,b＋＋,a＋b)的值是(   )。

    A. 2   B. 7   C. 8   D. 6

11. 执行语句"for(i＝2;i＋＋＜5；);"后变量 i 的值是(   )。

    A. 6   B. 5   C. 4   D. 不定

12. 若有说明语句"double ＊p,a;",则能通过 scanf 语句正确给输入项读入数据的程序段是(   )。

    A. ＊p＝&a; scanf("%f",p);   B. ＊p＝&a; scanf("%lf",p);

    C. p＝&a; scanf("%lf",＊p);   D. p＝&a; scanf("%lf",p);

13. 设有定义"char p[]＝{'1','2','3'},＊q＝p;",以下不能计算出一个 char 型数据所占字节数的表达式是(   )。

    A. sizeof(p[0])   B. sizeof(char)   C. sizeof(＊q)   D. sizeof(p)

14. 有以下程序:

```
main( )
{ int k = 4,n = 0;
  for( ; n<k ; )
  { n++;
    if(n % 3!= 0)  continue;
    k -- ; }
  printf(" % d, % d\n",k,n);
}
```

程序运行后的输出结果是(   )。

    A. 4,4   B. 2,2   C. 3,3   D. 1,1

15. 设有语句"int a＝3;",则执行了语句"a＋＝a－＝a＊a;"后,变量 a 的值是(   )。

    A. －12   B. 0   C. 9   D. 3

16. 以下程序的输出结果是(   )。

```
#define  f(x)  x * x
main( )
{int  a = 6,b = 2,c;
 c = f(a)/f(b);
 printf(" % d\n",c);
}
```

    A. 9   B. 6   C. 18   D. 36

17. 以下程序的输出结果是(   )。

```
f(int b[ ],int m,int  n)
{ int  i,s = 0;
  for(i=m;i<n;i=i+2)  s = s + b[i];
  return  s;
}
```

```
main( )
{int x,a[ ] = {1,2,3,4,5,6,7,8,9};
  x = f(a,3,7);
  printf(" % d\n",x);
}
```

       A. 18   B. 10   C. 8   D. 15

18. 以下程序的输出结果是( )。

```
#include < stdio. h>
#include < math. h>
main() {
    int a = 1,b = 4,c = 2;
    float x = 10.5,y = 4.0,z;
    z = (a + b)/c + sqrt((double)y) * 1.2/c + x;
    printf(" % f\n",z);
}
```

       A. 14. 900000   B. 15. 400000   C. 13. 700000   D. 14. 000000

19. 在 C 语言中,一维数组的定义方式为"类型说明符 数组名:( )。"

       A. [整型表达式]   B. [常量表达式]

       C. [整型常量]或[整型表达式]   D. [整型常量]

20. 有以下程序

```
main()
{ char ch[ ] = "uvwxyz", * pc;
  pc = ch; printf(" % c\n", * (pc + 5));
}
```

程序运行后的输出结果是( )。

       A. 元素 ch[5]的地址   B. z

       C. 字符 y 的地址   D. 0

21. 假定以下程序经编译和连接后生成可执行文件 PROG. EXE,如果在此可执行文件所在目录的 DOS 提示符下输入"PROG ABCDEFGHIJKL ↙",则输出结果为( )。

```
main(int  argc, char  * argv[])
{   while( -- argc > 0) printf(" % s",argv[argc]);
    printf("\n");
}
```

       A. IJKLABCDEFGH   B. IJHL

       C. ABCDEFGHIJKL   D. ABCDEFG

22. C 语言源程序名的后缀是（　　　）。

    A. .obj   B. .C   C. .exe   D. .cp

23. 若 a、b、$c1$、$c2$、x、y 均是整型变量，正确的 switch 语句是（　　　）。

①

```
switch(a + b);
{   case 1:y = a + b;break;
    case 0:y = a - b;break;
}
```

②

```
switch(a * a + b * b)
{   case 3:
    case 1:y = a + b;break;
    case 3:y = b - a;break;
}
```

③

```
switch  a
{   case c1:y = a - b;break;
    case c2:x = a * b;break;
    default:x = a + b;
}
```

④

```
switch (a - b)
{   default:y = a * b;break;
    case   3:case 4:x = a + b;break;
    case 10:case 11:y = a - b;break;
}
```

    A. ②   B. ①   C. ③   D. ④

24. 若 x、i、j 和 k 都是 int 型变量，则计算下面表达式后，x 的值（　　　）。

```
x = ( i = 4 , j = 16, k = 32 )
```

    A. 52   B. 32   C. 4   D. 16

25. 以下程序的输出结果是（　　　）。

```
main( )
{   int i, k, a[10], p[3];
    k = 5;
```

```
    for(i = 0;i < 10;i++) a[i] = i;
     for(i = 0;i < 3;   i++)   p[i] = a[i * (i + 1)];
     for(i = 0;i < 3;   i++)   k += p[i] * 2;
     printf("% d\n",k);
    }
```

  A. 23   B. 21   C. 22   D. 20

26. 以下4组用户定义标识符中,全部合法的一组是( )。

  A. _main   B. If   C. txt   D. int

    enclude   —max   REAL   k_2

    sin   turbo   3COM   _001

27. 下面程序段的运行结果是( )。

```
x = y = 0;
while(x < 15)   y++,x += ++y;
printf ("% d,% d",y,x );
```

  A. 6,12   B. 20,7   C. 20,8   D. 8,20

28. 有以下程序:

```
main()
{char   p[] = {'a','b','c'},q[] = "abc";
printf("% d   % d\n",sizeof(p),sizeof(q));
 }
```

程序运行后的输出结果是( )。

  A. 4 4   B. 3 3   C. 4 3   D. 3 4

29. 在C语言中,合法的长整型常数是( )。

  A. 324562&   B. 4962710   C. OL   D. 216D

30. 不能把字符串"Hello!"赋给数组 b 的语句是( )。

  A. char b[10] = {'h','e','l','l','o','!'};

  B. char b[10] = {'H','e','l','l','o','!','\0'};

  C. char b[10];strcpy(b,"Hello!");

  D. char b[10] = "Hello!";

二、填空题(每题 4 分,共 20 分)

1. 若 a 和 b 均为 int 型变量,$a = 0$,$b = 2$,运行以下程序段后,则 $a = $ _____,$b = $ _____。

```
a + = b;b = a − b;a − = b;
```

2. 若有定义：

```
int a[3][4] = {{1,2},{0},{4,6,8,10}};
```

则初始化后，a[2][2]得到的初值是_____，a[0][1]得到的初值是_____。

3. 表达式 pow(2.8,sqrt((double)x))值的数据类型为_____。

4. 下面程序段的运行结果是_____。

```
i = 1; a = 0 ; s = 1 ;
do {a = a + s * i ; s = - s ; i++;} while (i < = 10);
printf ("a = % d",a);
```

5. 以下程序实现输出 x、y、z 3 个数中的最大者，请在画线处填入正确内容。

```
main ( )
{int x = 4,y = 6,z = 7;
int _____;
if (_____)  u = x;
else  u = y;
if (_____) v = u;
else v = z;
printf ("v =  % d",v);
}
```

三、编程题（每题 10 分，共 20 分）

1. 在以下给定程序中，函数 fun 的功能是：求整数 x 的 y 次方的第 3 位值。例如，整数 5 的 6 次方为 15625，此值的低 3 位为 625。

请改正函数 fun 中的语法错误，使它能得出正确的结果。

注意：不要改动 main 函数，不得增行或删行，也不得更改程序的结构。

```
#include < stdio. h >
long fun(int  x,int  y,long  * p )
{  int  i;
   long  t = 1;
/ * * * * * * * * * * * * * * found * * * * * * * * * * * * * * /
   for(i = 1; i < y; i++)
      t = t * x;
    * p = t;
/ * * * * * * * * * * * * * * found * * * * * * * * * * * * * * /
   t = t/1000;
   return  t;
}
main( )
{ long  t,r;    int  x,y;
   printf("\nInput x and y: ");   scanf(" % ld % ld",&x,&y);
   t = fun(x, y, &r);
   printf("\n\nx = % d, y = % d, r = % ld, last = % ld\n\n",x, y,r,t );
}
```

2. 给定程序功能是用冒泡法对 6 个字符串进行排序。

请在程序的下划线处填入正确的内容并把下划线删除，使程序得出正确的结果。

注意：不要改动 main 函数，不得增行或删行，也不得更改程序的结构。

```
#include < stdio. h>
#define MAXLINE 20
fun ( char * pstr[6])
{   int  i, j;
    char * p ;

    for (i = 0 ; i < 5 ; i++) {
      for (j = i + 1; j < 6; j++) {
/ * * * * * * * * * * * * * found * * * * * * * * * * * * * /
        if(strcmp( * (pstr + i),       【1】       )> 0)
        {
            p =  * (pstr + i) ;
/ * * * * * * * * * * * * * found * * * * * * * * * * * * * /
            pstr[i]  =      【2】       ;
/ * * * * * * * * * * * * * found * * * * * * * * * * * * * /
            * (pstr + j) =       【3】       ;
        }
      }
    }
}
main( )
{   int i ;
    char * pstr[6], str[6][MAXLINE] ;
    for(i = 0; i < 6 ; i++) pstr[i] = str[i] ;
    printf( "\nEnter 6 string(1 string at each line): \n" ) ;
    for(i = 0 ; i < 6 ; i++) scanf("% s", pstr[i]) ;
    fun(pstr) ;
    printf("The strings after sorting:\n") ;
    for(i = 0 ; i < 6 ; i++) printf(" % s\n", pstr[i]) ;
}
```

3.5 综合测试参考答案

3.5.1 综合测试一答案

一、单项选择题（每题 **2** 分，共 **60** 分）

1	2	3	4	5	6	7	8	9	10	11	12	13	14	15
A	C	B	A	C	B	B	A	A	C	D	B	D	A	C

16	17	18	19	20	21	22	23	24	25	26	27	28	29	30
D	C	D	D	A	C	D	D	D	A	B	B	C	C	A

二、填空题（每题 4 分，共 20 分）

1. 261

2. struct STRU

3. 0

4. s[i++]

5. (y%2)==1 或者 y%2!=0 或者 y%2==1 或者(y%2)!=0

三、编程题（每题 10 分，共 20 分）

1. 第一处：缺少了一个";"号，应为：s+=(x[j]－xa)*(x[j]－xa)/n;

2. 第一处：n

   第二处：else

   第三处：a,b

3.5.2　综合练习二答案

一、单项选择题（每题 2 分，共 60 分）

1	2	3	4	5	6	7	8	9	10	11	12	13	14	15
C	D	C	A	A	D	B	A	C	D	D	B	B	C	B
16	17	18	19	20	21	22	23	24	25	26	27	28	29	30
D	D	B	A	C	C	C	D	A	A	B	C	C	B	C

二、填空题（每题 4 分，共 20 分）

1. －12_c_4.1034e＋02<CR>

2. i*m＋j＋1

3. 1

4. 36

5. x<z||y<z

三、编程题（每题 10 分，共 20 分）

1. 第一处应该为：for (i=j＋1;i<=n－1;i++)

   第二处应该为：t=i;

2. 第一处：score[i]

   第二处：below

   第三处：below[i]

3.5.3　综合练习三答案

一、单项选择题（每题 2 分，共 60 分）

1	2	3	4	5	6	7	8	9	10	11	12	13	14	15
D	A	B	A	A	D	A	A	C	B	A	C	D	C	D
16	17	18	19	20	21	22	23	24	25	26	27	28	29	30
D	A	C	A	C	C	D	C	C	B	A	A	B	C	C

二、填空题（每题 **4** 分，共 **20** 分）

1. 32766   65535   65535

2. i＊m＋j＋1

3. 6   4   2

4. 8921

5. 13

三、编程题（每题 **10** 分，共 **20** 分）

1. 第一处应该为：for（k＝4；k＜＝n；k＋＋）

   第二处应该为：a＝b；b＝c；c＝d；

2. 第一处：break

   第二处：s[i]

   第三处：＊u＋＋

3.5.4　综合练习四答案

一、单项选择题（每题 **2** 分，共 **60** 分）

1	2	3	4	5	6	7	8	9	10	11	12	13	14	15
B	A	D	C	C	B	A	A	D	C	A	D	D	C	A

16	17	18	19	20	21	22	23	24	25	26	27	28	29	30
D	B	C	B	B	C	B	D	B	B	A	D	D	C	A

二、填空题（每题 **4** 分，共 **20** 分）

1. 2   0

2. 8   2

3. double 型

4. a＝－5

5. 第一处：u,v；

   第二处：x＞y；

   第三处：z＜u；

三、编程题（每题 **10** 分，共 **20** 分）

1. 第一处应该为：for(i＝1；i＜＝y；i＋＋)

   第二处应该为：t＝t％1000；

2. 第一处：pstr[j]

   第二处：pstr[j]

   第三处：p

第4部分　全国计算机等级考试

4.1　全国计算机等级考试二级 C 考试大纲

4.1.1　公共基础知识

【基本要求】

（1）掌握算法的基本概念。

（2）掌握基本数据结构及其操作。

（3）掌握基本排序和查找算法。

（4）掌握逐步求精的结构化程序设计方法。

（5）掌握软件工程的基本方法，具有初步应用相关技术进行软件开发的能力。

（6）掌握数据库的基本知识，了解关系数据库的设计。

【考试内容】

1. 基本数据结构与算法

（1）算法的基本概念；算法复杂度的概念和意义（时间复杂度与空间复杂度）。

（2）数据结构的定义；数据的逻辑结构与存储结构；数据结构的图形表示；线性结构与非线性结构的概念。

（3）线性表的定义；线性表的顺序存储结构及其插入与删除运算。

（4）栈和队列的定义；栈和队列的顺序存储结构及其基本运算。

（5）线性单链表、双向链表与循环链表的结构及其基本运算。

（6）树的基本概念；二叉树的定义及其存储结构；二叉树的前序、中序和后序遍历。

（7）顺序查找与二分法查找算法；基本排序算法（交换类排序、选择类排序、插入类排序）。

2. 程序设计基础

（1）程序设计方法与风格。

（2）结构化程序设计。

（3）面向对象的程序设计方法、对象、方法、属性及继承与多态性。

3. 软件工程基础

（1）软件工程基本概念，软件生命周期概念，软件工具与软件开发环境。

（2）结构化分析方法，数据流图，数据字典，软件需求规格说明书。

（3）结构化设计方法，总体设计与详细设计。

（4）软件测试的方法，白盒测试与黑盒测试，测试用例设计，软件测试的实施，单元测试、集成测试和系统测试。

（5）程序的调试，静态调试与动态调试。

4. 数据库设计基础

（1）数据库的基本概念：数据库、数据库管理系统、数据库系统。

（2）数据模型，实体联系模型及 E-R 图，从 E-R 图导出关系数据模型。

（3）关系代数运算，包括集合运算及选择、投影、连接运算，数据库规范化理论。

（4）数据库设计方法和步骤，需求分析、概念设计、逻辑设计和物理设计的相关策略。

【考试方式】

（1）公共基础知识不单独考试，与其他二级科目组合在一起，作为二级科目考核内容的一部分。

（2）考试方式为上机考试，10 道选择题，占 10 分。

4.1.2 C 语言程序设计

【基本要求】

（1）熟悉 Visual C++ 6.0 集成开发环境。

（2）掌握结构化程序设计的方法，具有良好的程序设计风格。

（3）掌握程序设计中简单的数据结构和算法并能阅读简单的程序。

（4）在 Visual C++ 6.0 集成环境下，能够编写简单的 C 程序，并具有基本的纠错和调试程序的能力。

【考试内容】

1. C 语言程序的结构

（1）程序的构成，main 函数和其他函数。

（2）头文件、数据说明、函数的开始和结束标志，以及程序中的注释。

（3）源程序的书写格式。

（4）C 语言的风格。

2. 数据类型及其运算

（1）C 的数据类型（基本类型、构造类型、指针类型、无值类型）及其定义方法。

（2）C 运算符的种类、运算优先级和结合性。

（3）不同类型数据间的转换与运算。

（4）C 表达式类型（赋值表达式、算术表达式、关系表达式、逻辑表达式、条件表达式、逗号表达式）和求值规则。

3. 基本语句

（1）表达式语句、空语句、复合语句。
（2）输入/输出函数的调用，正确输入数据并正确设计输出格式。

4. 选择结构程序设计

（1）用 if 语句实现选择结构。
（2）用 switch 语句实现多分支选择结构。
（3）选择结构的嵌套。

5. 循环结构程序设计

（1）for 循环结构。
（2）while 和 do-while 循环结构。
（3）continue 语句和 break 语句。
（4）循环的嵌套。

6. 数组的定义和引用

（1）一维数组和二维数组的定义、初始化和数组元素的引用。
（2）字符串与字符数组。

7. 函数

（1）库函数的正确调用。
（2）函数的定义方法。
（3）函数的类型和返回值。
（4）形式参数与实际参数，参数值的传递。
（5）函数的正确调用、嵌套调用、递归调用。
（6）局部变量和全局变量。
（7）变量的存储类别（自动、静态、寄存器、外部），变量的作用域和生存期。

8. 编译预处理

（1）宏定义和调用（不带参数的宏，带参数的宏）。
（2）"文件包含"处理。

9. 指针

（1）地址与指针变量的概念，地址运算符与间址运算符。
（2）一维。二维数组和字符串的地址以及指向变量、数组、字符串、函数、结构体的指针变量的定义。通过指针引用以上各类型数据。

（3）用指针作函数参数。

（4）返回地址值的函数。

（5）指针数组，指向指针的指针。

10. 结构体（即"结构"）与共同体（即"联合"）

（1）用 typedef 说明一个新类型。

（2）结构体和共用体类型数据的定义和成员的引用。

（3）通过结构体构成链表，单向链表的建立，结点数据的输出、删除与插入。

11. 位运算

（1）位运算符的含义和使用。

（2）简单的位运算。

12. 文件操作

只要求缓冲文件系统（即高级磁盘 I/O 系统），对非标准缓冲文件系统（即低级磁盘 I/O 系统）不要求。

（1）文件类型指针（FILE 类型指针）。

（2）文件的打开与关闭（fopen、fclose）。

（3）文件的读写（fputc、fgetc、fputs、fgets、fread、fwrite、fprintf、fscanf 函数的应用），文件的定位（rewind、fseek 函数的应用）。

【考试方式】

上机考试，考试时长 120 分钟，满分 100 分。

（1）题型及分值：单项选择题 40 分（含公共基础知识部分 10 分）、操作题 60 分［包括填空题（18 分）、改错题（18 分）及编程题（24 分）］。

（2）考试环境：Visual C++ 6.0。

4.2 全国计算机等级考试二级模拟测试

4.2.1 模拟测试一

一、单项选择题（每小题 1 分，共 40 分）

1. 下列链表中，其逻辑结构属于非线性结构的是（　　）。

   A. 双向链表　　　　B. 带链的栈　　　　C. 二叉链表　　　　D. 循环链表

2. 设循环队列的存储空间为 Q(1：35)，初始状态为 front＝rear＝35。现经过一系列入队与出队运算后，front＝15，rear＝15，则循环队列中的元素个数为（　　）。

   A. 20　　　　　　　B. 0 或 35　　　　　C. 15　　　　　　　D. 16

3. 下列关于栈的叙述中，正确的是（　　）。

   A. 栈底元素一定是最后入栈的元素

B. 栈操作遵循先进后出的原则

C. 栈顶元素一定是最先入栈的元素

D. 以上 3 种说法都不对

4. 在关系数据库中,用来表示实体间联系的是(　　)。

    A. 网状结构　　　　　B. 树状结构　　　　　C. 属性　　　　　D. 二维表

5. 公司中有多个部门和多名职员,每个职员只能属于一个部门,一个部门可以有多名职员。则实体部门和职员间的联系是(　　)。

    A. 1∶m 联系　　　　B. m∶n 联系　　　　C. 1∶1 联系　　　　D. m∶1 联系

6. 有两个关系 R 和 S 如下:

R

A	B	C
a	1	2
b	2	1
c	3	1

S

A	B	C
c	3	1

则由关系 R 得到关系 S 的操作是(　　)。

    A. 自然连接　　　　　B. 并　　　　　C. 选择　　　　　D. 投影

7. 数据字典(DD)所定义的对象都包含于(　　)。

    A. 软件结构图　　　　　　　　　　B. 方框图

    C. 数据流图(DFD 图)　　　　　　D. 程序流程图

8. 软件需求规格说明书的作用不包括(　　)。

    A. 软件设计的依据

    B. 软件可行性研究的依据

    C. 软件验收的依据

    D. 用户与开发人员对软件要做什么的共同理解

9. 下面属于黑盒测试方法的是(　　)。

    A. 边界值分析　　　B. 路径覆盖　　　C. 语句覆盖　　　D. 逻辑覆盖

10. 下面不属于软件设计阶段任务的是(　　)。

    A. 制订软件确认测试计划　　　　　B. 数据库设计

    C. 软件总体设计　　　　　　　　　D. 算法设计

11. 以下叙述中正确的是(　　)。

    A. 在 C 语言程序中,main 函数必须放在其他函数的最前面

    B. 每个后缀为.C 的 C 语言源程序都可以单独进行编译

    C. 在 C 语言程序中,只有 main 函数才可单独进行编译

    D. 每个后缀为.C 的 C 语言源程序都应该包含一个 main 函数

12. C 语言中的标识符分为关键字、预定义标识符和用户标识符,以下叙述正确的是(　　)。

    A. 预定义标识符(如库函数中的函数名)可用做用户标识符,但失去原有含义

    B. 用户标识符可以由字母和数字任意顺序组成

    C. 在标识符中大写字母和小写字母被认为是相同的字符

    D. 关键字可用做用户标识符,但失去原有含义

13. 以下选项中表示一个合法的常量是(说明:符号"□"表示空格)(   )。

    A. 9□9□9   B. 0Xab   C. 123E0.2   D. 2.7e

14. C 语言主要是借助(   )来实现程序模块化。

    A. 定义函数   B. 定义常量和外部变量

    C. 三种基本结构语句   D. 丰富的数据类型

15. 以下叙述中错误的是(   )。

    A. 非零的数值型常量有正值和负值的区分

    B. 常量是在程序运行过程中值不能被改变的量

    C. 定义符号常量必须用类型名来设定常量的类型

    D. 用符号名表示的常量称为符号常量

16. 若有定义和语句:

int a,b; scanf("%d,%d",&a,&b);

以下选项中的输入数据,不能把值 3 赋给变量 a、5 赋给变量 b 的是(   )。

    A. 3,5,   B. 3,5,4   C. 3;5   D. 3,5

17. C 语言中 char 类型数据占字节数为(   )。

    A. 3   B. 4   C. 1   D. 2

18. 下列关系表达式中,结果为"假"的是(   )。

    A. (3+4)>6   B. (3!=4)>2   C. 3<=4 || 3   D. (3<4)=1

19. 若以下选项中的变量全部为整型变量,且已正确定义并赋值,则语法正确的 switch 语句是(   )。

    A. switch(a+9)   B. switch a*b

        { case cl: y=a-b;   { case l0: x=a+b;

          case c2: y=a+b; }   default: y=a-b; }

    C. switch(a+b)   D. switch(a*a+b*b)

        { case1: case3: y=a+b; break;   { default: break;

          case0: case4: y=a-b; }   case 3: y=a+b; break;

                                    case 2: y=a-b; break; }

20. 有以下程序:

```c
#include<stdio.h>
main( )
{
 int a=-2,b=0;
 while(a++&&++b);
 printf("%d,%d\n",a,b);
}
```

程序运行后的输出结果是(　　)。

    A. 1,3   B. 0,2   C. 0,3   D. 1,2

21. 设有定义"int x＝0,＊p;",立刻执行以下语句,正确的语句是(　　)。

    A. p＝x;   B. ＊p＝x;   C. p＝NULL;   D. ＊p＝NULL;

22. 下列叙述中正确的是(　　)。

    A. 可以用关系运算符比较字符串的大小

    B. 空字符串不占用内存,其内存空间大小是 0

    C. 两个连续的单引号是合法的字符常量

    D. 两个连续的双引号是合法的字符串常量

23. 有以下程序:

```c
#include<stdio.h>
main()
{
 char a='H';
 a=(a>='A'&&a<='2')?(a-'A'+'a'):a;
 printf("%c\n",a);
}
```

程序运行后的输出结果是(　　)。

    A. A   B. a   C. H   D. h

24. 有以下程序:

```c
#include<stdio.h>
int f(int x);
main()
{
 int a,b=0;
 for(a=0;a<3;a++)
 {
   b=b+f(a);
   putchar('A'+b);
  }
 }
 int f(int x)
 {
  return x*x+1;
  }
```

程序运行后的输出结果是(　　)。

    A. ABE   B. BDI   C. BCF   D. BCD

25. 设有定义"int x[2][3];",则以下关于二维数组 x 的叙述错误的是(　　)。

    A. x[0]可看做是由 3 个整型元素组成的一维数组

    B. x[0]和 x[1]是数组名,分别代表不同的地址常量

C. 数组 x 包含 6 个元素

D. 可以用语句"x[0]＝0;"为数组所有元素赋初值 0

26. 设变量 p 是指针变量,语句"p＝NULL;"是给指针变量赋 NULL 值,它等价于( )。

    A. p＝"";   B. p＝"0";   C. p＝0;   D. p＝";

27. 有以下程序:

```
#include<stdio.h>
main( )
{
 int a[ ]={10,20,30,40}, * p=a,i;
 for(i=0; i<=3; i++){  a[i]= * p;  p++;  }
 printf(" % d\n",a[2]);
}
```

程序运行后的输出结果是( )。

    A. 30   B. 40   C. 10   D. 20

28. 有以下程序:

```
#include<stdio.h>
#define N 3
void fun(int a[][N],int b[])
{
 int i,j;
 for(i=0;i<N;i++)
 {
 b[i]=a[i][0];
 for(j=0;j<N;j++)
  if(b[i]<a[i][j])   b[i]=a[i][j];
 }
}
main( )
{
 int x[N][N]={1,2,3,4,5,6,7,8,9},y[N],i;
 fun(x,y);
 for(i=0;i<N; i++)
  printf("y[i],");
 printf("\n");
}
```

程序运行后的输出结果是( )。

    A. 2,4,8   B. 3,6,9   C. 3,5,7   D. 1,3,5

29. 有以下程序(strcpy 为字符串复制函数,strcat 为字符串连接函数):

```
#include<stdio.h>
#include<string.h>
main( )
{
```

```
char a[10] = "abc",b[10] = "012",c[10] = "xyz";
 strcpy(a + 1,b + 2);
 puts(strcat(a,c + 1));
 }
```

程序运行后的输出结果是(　　)。

　　A. al2xyz　　　　　　B. 12yz　　　　　　C. a2yz　　　　　D. bc2yz

30. 以下选项中,合法的是(　　)。

　　A. char str3[]={'d','e','b','u','g','\0'};

　　B. char str4;str4="hello world";

　　C. char name[10];name="china";

　　D. char str1[5]="pass",str2[6];　str2=str1;

31. 有以下程序:

```
#include < stdio. h>
main( )
{
 char * s = "[2]34";
 int k = 0,a = 0;
 while(s[k + 1]!= '\0')
 {
   k++;
   if(k % 2 == 0){a = a + (s[k] - '0' + 1);  continue;
 }
 a = a + (s[k] - '0');
 printf("k = % d a = % d\n",k,a);
 }
```

程序运行后的输出结果是(　　)。

　　A. k=6 a=11　　　B. k=3 a=14　　　C. k=4 a=12　　　D. k=5 a=15

32. 有以下程序:

```
#include < stdio. h>
main( )
{
 char a[5][10] = {"one","two","three","four","five"};
 int i,j;
 char t;
 for(i = 0;i < 4;i++)
  for(j = i + 1;j < 5;j++)
   if(a[i][0]>a[j][0])
   {  t = a[i][0];a[i][0] = a[j][0];a[j][0] = t;}
 puts(a[1]);
 }
```

程序运行后的输出结果是(　　)。

  A. fwo   B. fix   C. two   D. owo

33. 有以下程序：

```
#include < stdio. h>
int a = 1,b = 2;
void fun1(int a,int b)
{ printf( "%d %d",a,b);  }
void fun2( )
{   a = 3; b = 4;  }
main( )
{
 fun1(5,6);   fun2( );
 printf("%d %d\n",a,b);
}
```

程序运行后的输出结果是(　　)。

  A. 1 2 5 6 B. 5 6 3 4 C. 5 6 1 2 D. 3 4 5 6

34. 有以下程序：

```
#include < stdio. h>
void func( int n)
{
 static int num = 1);
 num = num + n;printf("%d",num);
}
main( )
{
 funo(3); func(4); printf("n");
}
```

程序运行后的输出结果是(　　)。

  A. 4 8   B. 3 4   C. 3 5   D. 4 5

35. 有以下程序：

```
#include < stdio. h>
#include < stdlib. h>
void fun( int * pl, int * p2, int * s)
{
 s = (int * )malloc(sizeof(int));
 * s = * pl + * p2;
 free(s);
}
main( )
{
```

```
    int a = 1, b = 40, * q = &a;
    fun(&a, &b, q);
    printf(" % d\n", * q);
    }
```

程序运行后的输出结果是( )。

    A. 42   B. 0   C. 1   D. 41

36. 有以下程序：

```
#include < stdio. h>
struct STU{char name[9];char sex;int score[2];};
void f(struct STU a[ ])
{
  struct STU b = {"Zhao",'m',85,90};
  a[1] = b;
}
main( )
{
  struct STU c[2] = {{"Qian",'f',95,92},{"Sun",'m'98,99}};
  f(c);
  printf(" % s, % c, % d, % d,",c[o].name,c[o].sex,c[o].score[o],c[o].score[1]);
  printf(" % s, % c, % d, % d\n",c[1].name,c[1].sex,c[1].score[o],c[1].score[1]);
}
```

程序运行后的输出结果是( )。

    A. Zhao,m,85,90,Sun,m,98,99   B. Zhao,m,85,90,Qian,f,95,92

    C. Qian,f,95,92,Sun,m,98,99   D. Qian,f,95,92,Zhao,m,85,90

37. 以下叙述中错误的是( )。

    A. 可以用 typedef 说明的新类型名来定义变量

    B. typedef 说明的新类型名必须使用大写字母,否则会出编译错误

    C. 用 typedef 可以为基本数据类型说明一个新名称

    D. 用 typedef 说明新类型的作用是用一个新的标识符来代表已存在的类型名

38. 以下叙述中错误的是( )。

    A. 函数的返回值类型不能是结构体类型,只能是简单类型

    B. 函数可以返回指向结构体变量的指针

    C. 可以通过指向结构体变量的指针访问所指结构体变量的任何成员

    D. 只要类型相同,结构体变量之间可以整体赋值

39. 若有定义语句"int b=2;",则表达式(b<<2)/(3 ‖ b)的值是( )。

    A. 4   B. 8   C. 0   D. 2

40. 有以下程序：

```
#include < stdio.h>
main( )
{
 FILE * fp; int i,a[6] = {1,2,3,4,5,6};
 fp = fopen("d2.dat","w + ");
 for(i = 0; i<6; i++)
  fpintf(fp," % d\n",a[i]);
 rewind(fp);
 for(i = 0; i<6; i++)
  fscanf(fp," % d",&a[5 - i]);
 fclose(fp);
 for(i = 0; i<6; i++)printf(" % d,",a[i]);
}
```

程序运行后的输出结果是(   )。

    A. 4,5,6,1,2,3   B. 1,2,3,3,2,1   C. 1,2,3,4,5,6   D. 6,5,4,3,2,1

二、程序填空题(共 18 分)

在给定程序中,函数 fun 的功能是：求出形参 ss 所指字符串数组中最长字符串的长度,其余字符串左边用字符 * 补齐,使其与最长的字符串等长。字符串数组中共有 M 个字符串,且串长<N。请在程序的下划线处填入正确的内容并把下划线删除,使程序得出正确的结果。

注意：源程序存放在考生文件夹下的 BLANK1.C 中。

不得增行或删行,也不得更改程序的结构。

【给定源程序】

```
#include < stdio.h>
#include < string.h>
#define M 5
#define N 20
void fun(char ( * ss)[N])
{
    int i, j, k = 0, n, m, len;
    for(i = 0; i<M;i++)
    {
        len = strlen(ss[i]);
        if(i == 0)
            n = len;
        if(len>n)
        {
            n = len;
            【1】    = i;
        }
    }
    for(i = 0; i<M;i++)
```

```
                if (i!= k)
                {
                    m = n;
                    len = strlen(ss[i]);
                    for(j =    【2】   ; j > = 0; j-- )
                    ss[i][m -- ] = ss[i][j];
                    for(j = 0; j < n - len;j++)
                        【3】   = ' * ';
                }
        }
main( )
{
    char ss[M][N] = {"shanghai","guangzhou","beijing","tianjing","cchongqing"};
    int i;
    printf("\nThe original strings are :\n");
    for(i = 0; i < M;i++)
        printf(" % s\N",ss[i]);
    printf("\n");
    fun(ss);
    printf("\nThe result:\n");
    for(i = 0; i < M;i++)
        PRINTF(" % s\N",ss[i]);
}
```

三、程序修改题(共 18 分)

给定程序 MODI1. C 中函数 fun 的功能是:计算整数 n 的阶乘。请改正程序中的错误或在下划线处填上适当的内容并把下划线删除,使它能计算出正确的结果。

注意:不要改动 main 函数,不得增行或删行,也不得更改程序的结构。

【给定源程序】

```
#include < stdio. h >
double fun(int n)
{
    double result = 1.0;
    while (n > 1 && n < 170)
/ ********************* found ********************* /
        result * = -- n;
/ ********************* found ***************** /
    return _____;
}
main( )
{
    int n;
    printf("Enter an integer: ");
```

第4部分

```
    scanf(" % d",&n);
    printf("\n\n% d!= % lg\n\n",n,fun(n));
}
```

四、程序设计题（共 24 分）

编写函数 fun,函数的功能是:从 s 所指的字符串中删除给定的字符。同一字母的大、小写按不同字符处理。

若程序执行时输入字符串为"turbo c and borland c＋＋"再从键盘上输入字符"n",则输出后变为"turbo c ad borlad c＋＋",如果输入的字符在字符串中不存在,则字符串照原样输出。

注意:部分源程序在文件 PROG1. C 中。

请勿改动主函数 main 和其他函数中的任何内容,仅在函数 fun 的花括号中填入若干语句。

给定源程序:

```
#include< stdio. h>
#include< string. h>
int fun(char s[ ],char c)
{




}
main( )
{
    static char str[ ] = "turbo c and borland c++";
    char ch;
    printf("原始字符串:% s\n", str);
    printf("输入一个字符:");
    scanf(" % c",&ch);
    fun(str,ch);
    printf("str[ ] = % s\n",str);
}
```

4.2.2　模拟测试二

一、单项选择题（每小题 1 分,共 40 分）

1. 冒泡排序在最坏情况下的比较次数是（　　）。

  A. $n(n+1)/2$ B. $n\log_2 n$ C. $n(n-1)/2$ D. $n/2$

2. 下列叙述中正确的是（　　）。

  A. 有一个以上根结点的数据结构不一定是非线性结构

B. 只有一个根结点的数据结构不一定是线性结构

C. 循环链表是非线性结构

D. 双向链表是非线性结构

3. 某二叉树共有 7 个结点,其中叶子结点只有一个,则该二叉树的深度为(假设根结点在第 1 层)(　　　)。

　　　A. 3　　　　　　　　B. 4　　　　　　　　C. 6　　　　　　　　D. 7

4. 在软件开发中,需求分析阶段产生的主要文档是(　　　)。

　　　A. 软件集成测试计划　　　　　　　　　B. 软件详细设计说明书

　　　C. 用户手册　　　　　　　　　　　　　D. 软件需求规格说明书

5. 结构化程序所要求的基本结构不包括(　　　)。

　　　A. 顺序结构　　　　　　　　　　　　　B. GOTO 跳转

　　　C. 选择(分支)结构　　　　　　　　　　D. 重复(循环)结构

6. 下面描述中错误的是(　　　)。

　　　A. 系统总体结构图支持软件系统的详细设计

　　　B. 软件设计是将软件需求转换为软件表示的过程

　　　C. 数据结构与数据库设计是软件设计的任务之一

　　　D. PAD 图是软件详细设计的表示工具

7. 负责数据库中查询操作的数据库语言是(　　　)。

　　　A. 数据定义语言　　　B. 数据管理语言　　　C. 数据操纵语言　　　D. 数据控制语言

8. 一个教师可讲授多门课程,一门课程可由多个教师讲授。则实体教师和课程间的联系是(　　　)。

　　　A. 1∶1 联系　　　　B. 1∶m 联系　　　　C. m∶1 联系　　　　D. m∶n 联系

9. 有 3 个关系 R、S 和 T 如下:

R

A	B	C
a	1	2
b	2	1
c	3	1

S

A	B
c	3

T

C
1

由关系 R 和 S 得到关系 T 的操作是(　　　)。

　　　A. 自然连接　　　　　　B. 交　　　　　　C. 除　　　　　　D. 并

10. 定义无符号整数类为 UInt,下面可以作为类 UInt 实例化值的是(　　　)。

　　　A. −369　　　　　　　　　　　　　B. 369

　　　C. 0.369　　　　　　　　　　　　　D. 整数集合{1,2,3,4,5}

11. 计算机高级语言程序的运行方法有编译执行和解释执行两种,以下叙述中正确的是(　　　)。

　　　A. C 语言程序仅可以编译执行

B. C语言程序仅可以解释执行

C. C语言程序既可以编译执行又可以解释执行

D. 以上说法都不对

12. 以下叙述中错误的是(　　)。

    A. C语言的可执行程序是由一系列机器指令构成的

    B. 用C语言编写的源程序不能直接在计算机上运行

    C. 通过编译得到的二进制目标程序需要连接才可以运行

    D. 在没有安装C语言集成开发环境的机器上不能运行C源程序生成的.exe文件

13. 以下选项中不能用做C程序合法常量的是(　　)。

    A. 1,234   B. '\123'   C. 123   D. "\x7G"

14. 以下选项中可用做C程序合法实数的是(　　)。

    A. 0.1e0   B. 3.0e0.2   C. E9   D. 9.12E

15. 若有定义语句"int a=3,b=2,c=1;",以下选项中错误的赋值表达式是(　　)。

    A. a=(b=4)=3;   B. a=b=c+1;

    C. a=(b=4)+c;   D. a=1+(b=−4);

16. 有以下程序段：

```
char name[20];   int num;
scanf("name = % s num = % d",name,&num);
```

当执行上述程序段，并从键盘输入"name＝Lili mum＝1001＜回车＞"后，name的值为(　　)。

    A. Lili   B. name＝Lili

    C. Lili num＝   D. name＝Lili num＝1001

17. if语句基本形式是"if(表达式)语句",以下关于"表达式"值的叙述中正确的是(　　)。

    A. 必须是逻辑值   B. 必须是整数值

    C. 必须是正数   D. 可以是任意合法的数值

18. 有以下程序：

```
#include< stdio. h>
main( )
{
 int x = 011;
 printf("% d\n",++x);
}
```

程序运行后的输出结果是(　　)。

    A. 12   B. 11   C. 10   D. 9

19. 有以下程序：

```
#include< stdio. h>
main( )
```

```
{
 int s;
scanf(" % d",&s);
while(s>0)
    {
switch(s)
        {
        case l: printf(" % d",s + 5);
        case 2: printf(" % d",s + 4); break;
        case 3: printf(" % d",s + 3);
        default: (" % d",s + 1);break;
        }
    scanf(" % d",&s);
    }
}
```

运行时,若输入"1 2 3 4 5 0<回车>",由输出结果是( )。

    A. 6566456   B. 66656   C. 66666   D. 6666656

20. 有以下程序:

```
#include< stdio. h>
main( )
{
 int s = 0,n;
 for(n=0; n<3; n++)
    {
    switch(s)
        {
        case 0;
        case l: s += 1;
        case 2: s += 2; break;
        case 3: s += 3;
        default: s += 4;
        }
    printf(" % d,"s);
    }
}
```

程序运行后的输出结果是( )。

    A. 1,2,4   B. 1,3,6   C. 3,10,14   D. 3,6,10

21. 有以下程序:

```
#include< stdio. h>
main( )
{
```

```
char s[] = "012xy\08s34f4w2";
int i,n = 0;
for(i = 0;s[i]!= 0;i++)
if(s[i]> = '0'&&s[i]< = '9')   n++;
printf("% d\n",n);
}
```

程序运行后的输出结果是(   )。

    A. 0　　　　　　　　B. 3　　　　　　　C. 7　　　　　　　　D. 8

22. 若 i 和 k 都是 int 类型变量,有以下 for 语句:

```
for(i = 0,k = - 1;k = 1;k++) printf(" ***** \n");
```

下面关于语句执行情况的叙述中正确的是(   )。

    A. 循环体执行两次　　　　　　　B. 循环体执行一次

    C. 循环体一次也不执行　　　　　D. 构成无限循环

23. 有以下程序:

```
#include< stdio. h>
main( )
{
 char b,C;int i;
 b = 'a';c = 'A';
 for(i = 0;i <6;i++)
   {
     if(i %2)  putchar(i+ b);
       else  putchar(i+ c);
   }printf("\n");
}
```

程序运行后的输出结果是(   )。

    A. ABCDEF　　　　B. AbCdEf　　　　C. aBcDeF　　　　D. abcdef

24. 设有定义"double x[10], * p=x;",以下能给数组 x 下标为 6 的元素读入数据的正确语句是(   )。

    A. scanf("%f"&x[6]);　　　　　　B. scanf("%If", * (x+6));

    C. scanf("%if",p+6);　　　　　　D. scanf("%if",p[6]);

25. 有以下程序(说明:字母 A 的 ASCII 码值是 65):

```
#include< stdio. h>
void fun(char * s)
   {
   while( * s)
      {
        if( * s %2) printf(" %c", * s);
        s++;
```

```
            }
        }
main( )
    {
    char a[ ] = "BYTE";
    fun(a);  printf("\n");
    }
```

程序运行后的输出结果是(   )。

    A. BY   B. BT   C. YT   D. YE

26. 有以下程序段：

```
#include < stdio. h>
main( )
    {
    while(getchar()!= '\n');
    }
```

以下叙述中正确的是(   )。

    A. 此 while 语句将无限循环

    B. getchar()不可以出现在 while 语句的条件表达式中

    C. 当执行此 while 语句时，只有按 Enter 键程序才能继续执行

    D. 当执行此 while 语句时，除按 Enter 键以外的任意键程序就能继续执行

27. 有以下程序：

```
#include < stdio. h>
main( )
    {
    int x = 1,y = 0;
    if(!x) y++;
    else if(x == 0)
        if(x) y += 2;
        else y += 3;
    printf(" % d\n", y);
    }
```

程序运行后的输出结果是(   )。

    A. 3   B. 2   C. 1   D. 0

28. 若有定义语句"char s[3][10],(* k)[3], * p;"，则以下赋值语句正确的是(   )。

    A. p＝s;   B. p＝k;   C. p＝s[0];   D. k＝s;

29. 有以下程序：

```
#include < stdio. h>
void fun(char * c)
```

```
    {
    while( * c)
       {
        if( * c > = 'a'&& * c < = 'z')   * c = * c - ('a' - 'A');
        c++;
       }
    }
main( )
    {
    char s[81];
    gets(s); fun(s); puts(s);
    }
```

当执行程序时从键盘输入"Hello Beijing<回车>",则程序的输出结果是(   )。

    A. hello beijing   B. Hello Beijing

    C. HELLO BEIJING   D. hELLO Beijing

30. 以下函数的功能是：通过键盘输入数据,为数组中的所有元素赋值。

```
#include < stdio. h>
#define N 10
void fun( int x[N])
{
 int i = 0;
 while( i < N)
   scanf(" % d",_____);
}
```

在程序中下划线处应填入的是(   )。

    A. x+i   B. &x[i+1]   C. x+(i++)   D. &x[++i]

31. 有以下程序:

```
#include < stdio. h>
main( )
    {
    char a[30],b[30];
    scanf(" % s",a);
    gets(b);
    printf(" % s\n % s\n",a,b);
    }
```

程序运行时若输入:

```
how are you? I am fine<回车>
```

则输出结果是( )。

    A. how are you? I am fine   B. how

                                        are you? I am fine

    C. how are you?   D. how are you?

       I am fine

32. 设有如下函数定义:

```
int fun(int k)
{
 if(k<1) return 0;
 else if(k==1) return 1;
 else return fun(k-1)+1:
}
```

若执行调用语句"n＝fun(3);",则函数 fun 总共被调用的次数是( )。

    A. 2   B. 3   C. 4   D. 5

33. 有以下程序:

```
#include<stdio.h>
int fun(int x,int y)
    {
     if(x!=y) return((x+y)/2);
     else   return(x);
    }
main( )
    {
     int a=4,b=5,c=6;
     printf("%d/n",fun(2*a,fun(b,c)));
    }
```

程序运行后的输入结果是( )。

    A. 3   B. 6   C. 8   D. 12

34. 有以下程序:

```
#include<stdio.h>
int fun( )
{
 static int x=1;
 x*=2;
 return x;
}
main( )
{
 int i,s=1;
```

```
for(i = 1;i < = 3;i++) s * = fun();
 printf(" % d\n",s);
}
```

程序运行后的输出结果是(   )。

    A. 0   B. 10   C. 30   D. 64

35. 有以下程序：

```
#include < stdio. h>
#define S(x)4 * (x) * x + 1
main()
{
 int k = 5,j = 2;
 printf(" % d\n",S(k + j));
}
```

程序运行后的输出结果是(   )。

    A. 197   B. 143   C. 33   D. 28

36. 设有定义"struct{char mark[12];int num1;double num2;}t1,t2;",若变量均已正确赋初值,则以下语句中错误的是(   )。

    A. t1＝t2;   B. t2. num1＝t1. num1;

    C. t2. mark＝t1. mark;   D. t2. num2＝t1. num2;

37. 有以下程序：

```
#include < stdio. h>
struct ord
    {int x,y;}   dt[2] = {1,2,3,4};
main( )
    {
     struct ord * p = dt;
     printf(" % d,",++(p - > x));
     printf(" % d\n",++(p - > y));
    }
```

程序运行后的输出结果是(   )。

    A. 1,2   B. 4,1   C. 3,4   D. 2,3

38. 有以下程序：

```
#include < stdio. h>
struct S
    {int a,b;} data[2] = {10,100,20,200};
main( )
    {
```

```
        struct S p = data[1];
        printf("%d\n",++(p.a));
        }
```

程序运行后的输出结果是(   )。

    A. 10   B. 11   C. 20   D. 21

39. 有以下程序：

```
#include <stdio.h>
main()
    {
    unsigned char a = 8,c;
    c = a >> 3:
    printf("%d\n",c);
    }
```

程序运行后的输出结果是(   )。

    A. 32   B. 16   C. 1   D. 0

40. 设 fp 已定义，执行语句"fp=fopen("file","w");"后，以下针对文本文件 file 操作叙述的选项中正确的是(   )。

    A. 写操作结束后可以从头开始读   B. 只能写不能读

    C. 可以在原有内容后追加写   D. 可以随意读和写

二、程序填空题(共 18 分)

程序通过定义学生结构体变量，存储了学生的学号、姓名和 3 门课的成绩。所有学生数据均以二进制方式输出到 student.dat 文件中。函数 fun 的功能是从指定文件中找出指定学号的学生数据，读入此学生数据，对该生的分数进行修改，使每门课的分数加 3 分，修改后重写文件中该学生的数据，即用该学生的新数据覆盖原数据，其他学生数据不变；若找不到，则什么都不做。请在程序的下划线处填入正确的内容并把下划线删除，使程序得出正确的结果。

注意：源程序存放在考生文件夹下的 BLANK1.C 中。

不得增行或删行，也不得更改程序的结构。

【给定源程序】

```
#include
#define N 5
typedef struct student {
    long sno;
    char name[10];
    float score[3];    } STU;
void fun(char * filename, long sno)
{
    FILE * fp;
    STU n;    int i;
```

```c
    fp = fopen(filename,"rb + ");
    while (!feof(  【1】  ))
    {
        fread(&n, sizeof(STU), 1, fp);
        if (n.sno  【2】  sno) break;
    }
    if (!feof(fp))
    {
        for (i = 0; i < 3; i++) n.score[i] += 3;
        fseek(  【3】  , - 1L * sizeof(STU), SEEK_CUR);
        fwrite(&n, sizeof(STU), 1, fp);
    }
    fclose(fp);
}
main()
{
  STU t[N] = { {10001,"MaChao", 91, 92, 77}, {10002,"CaoKai", 75, 60, 88},
            {10003,"LiSi", 85, 70, 78}, {10004,"FangFang", 90, 82, 87},
            {10005,"ZhangSan", 95, 80, 88}}, ss[N];
    int i,j;
    FILE * fp;
    fp = fopen("student.dat", "wb");
    fwrite(t, sizeof(STU), N, fp);
    fclose(fp);
    printf("\nThe original data :\n");
    fp = fopen("student.dat", "rb");
    fread(ss, sizeof(STU), N, fp);
    fclose(fp);
    for (j = 0; j < N; j++)
    {
        printf("\nNo: % ld Name: % - 8s Scores: ",ss[j].sno, ss[j].name);
     for (i = 0; i < 3; i++)
        printf("% 6.2f ", ss[j].score[i]);
    printf("\n");
    }
    fun("student.dat", 10003);
    fp = fopen("student.dat", "rb");
    fread(ss, sizeof(STU), N, fp);
    fclose(fp);
    printf("\nThe data after modifing :\n");
    for (j = 0; j < N; j++)
    {
        printf("\nNo: % ld Name: % - 8s Scores: ",ss[j].sno, ss[j].name);
        for (i = 0; i < 3; i++)
```

```
        printf(" %6.2f ", ss[j].score[i]);
      printf("\n");
    }
  }
```

三、程序修改题（共 18 分）

给定程序 MODI1.C 中函数 fun 的功能是：利用插入排序法对字符串中的字符按从小到大的顺序进行排序。插入法的基本算法是：先对字符串中的头两个元素进行排序。然后把第三个字符插入到前两个字符中，插入后前三个字符依然有序；再把第四个字符插入到前三个字符中，以此类推。待排序的字符串已在主函数中给出。

请改正程序中的错误，使它能得出正确结果。

注意：不要改动 main 函数，不得增行或删行，也不得更改程序的结构。

【给定源程序】

```
#include
#include
#define N 80
void insert(char * aa)
{
  int i,j,n; char ch;
  / *************** found *************** /
  n = strlen[ aa ];
  for( i = 1; i < n; i++)
  {
    / *************** found *************** /
    c = aa[i];
    j = i - 1;
    while ((j >= 0) && ( ch < aa[j]))
    {
      aa[j + 1] = aa[j];
      j -- ;
    }
    aa[j + 1] = ch;
  }
}
main( )
{
  char a[N] = "QWERTYUIOPASDFGHJKLMNBVCXZ";
  int i ;
  printf ("The original string : %s\n", a);
  insert(a) ;
  printf("The string after sorting : %s\n\n",a );
}
```

四、程序设计题（共 24 分）

N 名学生的成绩已在主函数中放入一个带头结点的链表结构中，h 指向链表的头结点。

请编写函数 fun,它的功能是:找出学生的最高分,由函数值返回。

注意:部分源程序在 PROG1.C 文件中。

请勿改动主函数 main 和其他函数中的任何内容,仅在函数 fun 的花括号中填入若干语句。

【给定源程序】

```
#include
#include
#define N 8
struct slist
{
  double s;
  struct slist * next;
};
typedef struct slist STREC;
double fun( STREC * h )
{



}
STREC * creat( double * s)
{
  STREC * h, * p, * q;
  int i = 0;
  h = p = (STREC * )malloc(sizeof(STREC));
  p - > s = 0;
  while(i < N)
  {
    q = (STREC * )malloc(sizeof(STREC));
    q - > s = s[i];
    i++;
    p - > next = q;
    p = q;
  }
  p - > next = 0;
  return h;
}
outlist( STREC * h)
{
  STREC * p;
  p = h - > next; printf("head");
  do
  {
    printf(" % 2.0f", p - > s);
    p = p - > next;
  }while(p!= 0);
  printf("\n\n");
```

```
    }
main()
{
    double s[N] = {85,76,69,85,91,72,64,87}, max;
    STREC * h;
    h = creat( s );
    outlist(h);
    max = fun( h );
    printf("max = %6.1f\n",max);
}
```

4.3 全国计算机等级考试二级模拟测试参考答案

4.3.1 模拟测试一答案

一、单项选择题(每小题 1 分,共 40 分)

1.【答案】C。

【解析】数据的逻辑结构是描述数据之间的关系,分两大类:线性结构和非线性结构。线性结构是 n 个数据元素的有序(次序)集合,指的是数据元素之间存在着"一对一"的线性关系的数据结构。常用的线性结构有线性表、栈、队列、双队列、数组、串。非线性结构的逻辑特征是一个结点元素可能对应多个直接前驱和多个后驱。常见的非线性结构有树(二叉树等)、图(网等)、广义表。

2.【答案】B。

【解析】Q(1:35)则队列的存储空间为 35;队空条件:front=rear(初始化时:front=rear),队满时:(rear+1)%n==front,n 为队列长度(所用数组大小),因此当执行一系列的出队与入队操作,front=rear,则队列要么为空,要么为满。

3.【答案】B。

【解析】栈是先进后出,因此栈底元素是先入栈的元素,栈顶元素是后入栈的元素。

4.【答案】D。

【解析】单一的数据结构——关系,现实世界的实体以及实体间的各种联系均用关系来表示。数据的逻辑结构——二维表,从用户角度,关系模型中数据的逻辑结构是一张二维表。但是关系模型的这种简单的数据结构能够表达丰富的语义,描述出现实世界的实体以及实体间的各种关系。

5.【答案】A。

【解析】部门到职员是一对多的,职员到部门是多对一的,因此,实体部门和职员间的联系是 1:m 联系。

6.【答案】C。

【解析】选择:是在数据表中给予一定的条件进行筛选数据。投影:是把表中的某几个属性的数据选择出来。连接：有自然连接、外连接、内连接等，连接主要用于多表之间的数据查询。并：与数学中的并是一样的。两张表进行并操作，要求它们的属性个数相同并且需要相容。

7.【答案】C。

【解析】数据字典(DD)是指对数据的数据项、数据结构、数据流、数据存储、处理逻辑、外部实体等进行定义和描述，其目的是对数据流程图中的各个元素做出详细的说明。

8.【答案】B。

【解析】《软件可行性分析报告》是软件可行性研究的依据。

9.【答案】A。

【解析】黑盒测试方法主要有等价类划分、边界值分析、因果图、错误推测等。白盒测试的主要方法有逻辑驱动、路径测试等，主要用于软件验证。

10.【答案】A。

【解析】软件设计阶段的主要任务包括两个：一是进行软件系统的可行性分析，确定软件系统的建设是否值得，能否建成。二是进行软件的系统分析，了解用户的需求，定义应用功能，详细估算开发成本和开发周期。

11.【答案】B。

【解析】C 语言是一种成功的系统描述语言，具有良好的移植性，每个后缀为 .C 的 C 语言源程序都可以单独进行编译。

12.【答案】A。

【解析】用户标识符不能以数字开头，C 语言中标识符是区分大小写的，关键字不能用做用户标识符。

13.【答案】B。

【解析】当用指数形式表示浮点数据时，E 的前后都要有数据，并且 E 的后面数要为整数。

14.【答案】A。

【解析】C 语言是由函数组成的，函数是 C 语言的基本单位。所以可以说 C 语言主要是借助定义函数来实现程序模块化。

15.【答案】C。

【解析】在 C 语言中，可以用一个标识符来表示一个常量，称为符号常量。符号常量在使用之前必须先定义，其一般形式为：#define 标识符 常量。

16.【答案】C。

【解析】在输入 3 和 5 之间除逗号外不能有其他字符。

17.【答案】C。

【解析】char 类型数据占 1 个字节。

18.【答案】B。

【解析】在一个表达式中，括号的优先级高，先计算 3!=4，为真即是 1，1>2 为假。

19.【答案】D。

【解析】选项 A，当 c1 和 c2 相等时，不成立；选项 B，a*b 要用括号括起来；选项 C，case 与后面的数字用空格隔开。

20. 【答案】D。

【解析】输出的结果是：－1,1　0,2　1,2。

21. 【答案】C。

【解析】如果没有把 P 指向一个指定的值，＊p 是不能被赋值的。定义指针变量不赋初始值时默认为 NULL。

22. 【答案】D。

【解析】比较两个字符串大小用函数 strcomp(S,t)，空字符串有结束符，所以也要占用字节，两个双引号表示的是空字符串。

23. 【答案】D。

【解析】多元运算符问号前面表达式为真，所以(a－'A'＋'a')赋值给a，括号里的运算是把大写字母变成小写字母，所以答案应为 D 选项。

24. 【答案】B。

【解析】第一次循环时，b＝1，输出结果为 B；

　　　　第二次循环时，b＝3，输出结果为 D；

　　　　第三次循环时，b＝8，输出结果为 I。

25. 【答案】D。

【解析】x[0]是不能赋值的。

26. 【答案】C。

【解析】在 C 语言中 NULL 等价于数字 0。

27. 【答案】A。

【解析】for 循环结束后，数组 a 的值并没有变化，由于数组是由 0 开始的，所以 a[2]的值是 30。

28. 【答案】B。

【解析】fun 函数功能是把数组 a 的每一行的最大值赋给 b，a 的第一行的最大值是 3，第二行的最大值是 6，第三行的最大值是 9，所以答案是 3,6,9。

29. 【答案】C。

【解析】第一次执行字符串的复制函数 a 的值是 a2，第二次执行的是字符串的连接函数，所以运行结果为 a2yz。

30. 【答案】A。

【解析】选项 B 不能把一个字符串赋值给一个字符变量，选项 C 和 D 犯了同样的错误是把字符串赋给了数组名。

31. 【答案】C。

【解析】输出结果：k＝1　a＝2；k＝2　a＝4；k＝3　a＝7；k＝4　a＝12。

32. 【答案】A。

【解析】for 循环完成的功能是把二维数组 a 的第一列的字母按从小到大排序，其他列的字母不变。

33. 【答案】B。

【解析】fun1 是输出局部变量的值，fun2 是把全局变量的值改成 3 和 4，所以输出的结果是 5634。

34.【答案】A。

【解析】第一次调用 func 函数时输出 4,第二次调用 func 函数时 num 的值并不会释放,仍然是上次修改后的值 4,第二次调用结果为 8,所以输出结果是 4 8。

35.【答案】C。

【解析】fun 函数功能是新开辟内存空间存放 a 和 b 的地址,q 的地址并没有变化,所以应该还是指向地址 a。

36.【答案】D。

【解析】f 函数是为结构体数组的第二个数赋值,数组的第一个数没有变化,所以正确答案应选 D。

37.【答案】B。

【解析】用 typedef 说明的类型不是必须用大写,而是习惯上用大写。

38.【答案】A。

【解析】函数返回值类型可以是简单类型和结构体类型。

39.【答案】B。

【解析】2 的二进制数为 010,移两位后的二进制数为 01000,转成十进制数为 8,(3||2)为真即 1,8/ 1=8,所以结果为 8。

40.【答案】D。

【解析】这个是对文件的操作,把数组的数写到文件里,然后再从文件里倒序读出。所以输出结果为 6,5,4,3,2,1。

二、程序填空题(共 18 分)

【解题思路】

第一处:使用变量 k 来保存第几个字符串是最长的字符串,所以应填 k。

第二处:利用 for 循环把原字符串右移至最右边存放,字符串的长为 len,所以应填 len。

第三处:左边用字符 * 补齐,所以应填 ss[i][j]。

三、程序修改题(共 18 分)

【解题思路】

第一处:$--n$ 是先减 1,$n--$ 是后减 1。本题应该先乘以 n,再减 1,才正确。

第二处:返回计算结果,所以应填 result。

四、程序设计题(共 24 分)

【解题思路】

本题是考查考生怎样在字符串中删除指定的字符,结果仍存放在原字符串中。给出的程序是引用字符串指针 p 和 while 循环语句以及 if 条件判断语句进行处理的,新字符串的位置是由 i 来控制的,循环结束后,再给新字符串置字符串结束符,最后产生的新字符串形参 s 返回到主程序中。

参考答案:

```
int fun(char s[],char c)
{
    char *p = s;
    int i = 0;
```

```
        while( * p)
        {
          if( * p != c) s[i++] = * p ;
          p++;
        }
        s[i] = 0 ;
    }
```

4.3.2 模拟测试二答案

一、单项选择题（每小题 1 分，共 40 分）

1.【答案】C。

【解析】对 n 个结点的线性表采用冒泡排序，在最坏情况下，需要经过 $n/2$ 次的从前往后的扫描和 $n/2$ 次的从后往前的扫描，需要的比较次数为 $n(n-1)/2$。

2.【答案】B。

【解析】有一个根结点的数据结构不一定是线性结构。

3.【答案】D。

【解析】有一个叶子结点而结点的总个数为 7，根据题意，这个二叉树的深度为 7。

4.【答案】D。

【解析】软件需求分析阶段所生成的说明书为需求规格说明书。

5.【答案】B。

【解析】结构化程序包含的结构为顺序结构、循环结构、分支结构。

6.【答案】A。

【解析】软件系统的总体结构图是软件架构设计的依据，它并不能支持软件的详细设计。

7.【答案】C。

【解析】负责数据库中查询操作的语言是数据操作语言。

8.【答案】D。

【解析】由于一个老师能教多门课程，而一门课程也能有多个老师教，所以是多对多的关系，也就是 $m : n$ 的关系。

9.【答案】C。

【解析】由图所知，其中，C 中只有一个属性，是除操作。

10.【答案】B。

【解析】其中 A 选项是有符号的，C 选项是小数，D 选项是结合并不是类的实例化对象，只有 B 完全符合。

11.【答案】A。

【解析】解释执行是计算机语言的一种执行方式。由解释器现场解释执行，不生成目标程序。如 BASIC 便是解释执行。一般解释执行效率较低，低于编译执行。而 C 程序是经过编译生成目标文件然后执行的，所以 C 程序是编译执行。

12. 【答案】D。

【解析】IEXE 文件是可执行文件,Windows 系统都能直接运行 EXE 文件,而不需要安装 C 语言集成开发环境。

13. 【答案】A。

【解析】A 选项中逗号是一个操作符。

14. 【答案】A。

【解析】C 语言中实数的指数计数表示格式为字母 e 或者 E 之前必须有数字,且 e 或 E 后面的指数必须为整数。所以选项 A 正确。

15. 【答案】A。

【解析】由等式的规则可知,A 选项错误。先对括号的 b 进行等式运算,得出 $b=4$,然后计算得出 $a=4=3$,所以会导致错误。答案选择 A。

16. 【答案】A。

【解析】考查简单的 C 程序。由题可知,程序中输入 name 的值为 Lili,所以输出的必定是 Lili,答案选择 A。

17. 【答案】D。

【解析】考查 if 循环语句。其中表达式是一个条件,条件中可以是任意合法的数值。

18. 【答案】C。

【解析】考查简单的 C 程序,题目中 $x=011$ 而输出函数中是 $++x$,说明是先加 1,所以为 10,答案选择 C。

19. 【答案】A。

【解析】根据题意,当 $s=1$ 时,输出 65;当 $s=2$ 时,输出 6;当 $s=3$ 时,则输出 64;当 $s=4$ 时,输出 5;当 $s=5$ 时,输出 6;当 $s=0$ 时,程序直接退出。所以最后答案为 6566456,A 选项正确。

20. 【答案】C。

【解析】本题考查 switch-case 语句,在本题的程序中,只有在"case 2：s=s+2;break;",才有 break 语句,所以当 $s=0$ 时会执行"s=s+1;s=s+2;",当 $s=3$ 时,会执行"s=s+3;s=s+4;",所以 $s=10$,以此类推,答案选择 C。

21. 【答案】B。

【解析】考查简单的 C 程序数组和循环。for 循环是指 $i=0$,如果 s/[3]！=0,则 i 自动加 1。if 循环指的是 s[i] 中的元素大于等于 0 且小于等于 9,则 n 加 1,所以答案为 B。

22. 【答案】D。

【解析】此题考查的是基本的循环,答案为 D。

23. 【答案】B。

【解析】此题考查的是 putchar() 函数,此函数是字符输出函数,并且输出的是单个字符。所以答案为 B。

24. 【答案】C。

【解析】由题意可知,要给下标为 6 的数组赋值,其中 x[6] 实际上是第 6 个数,下标为 5,因为数组是从 0 开始计算,所以正确的表示方法为 C。

25. 【答案】D。

【解析】fun()函数的意思是当 $*s\%2==0$ 时就输出并且 s 自加 1 次,然后判断。所以可知只有第 2 个和第 4 个位置上的数才符合要求,因此答案为 D。

26.【答案】D。

【解析】主要是考查 while 和 getchar 函数,getchar 函数是输入字符函数,while 是循环语句,所以当输入的字符不为换行符时将执行。

27.【答案】D。

【解析】因为 x!=0,所以下列的 if 语句不执行,最后结果为 0。

28.【答案】C。

【解析】答案 C 的意思是 p 指向数组第一行的第一个元素。

29.【答案】C。

【解析】此程序是将小写字母变成大写字母的操作,所以答案为 C。

30.【答案】C。

【解析】程序主要是为数组赋值。答案为 C。

31.【答案】B。

【解析】此题主要考查 scanf 函数和 gets 函数的区别。答案为 B。

32.【答案】B。

【解析】此题考查简单的循环,当执行 $n=fun(3)$,则函数 fun 执行 3 次。

33.【答案】B。

【解析】此题考查的是函数 fun(),fun(b,c)=5,然后 fun(2*a,5)=fun(8,5)=6。

34.【答案】D。

【解析】函数 fun() 是 2 的次方的运算,而 $s*=fun()$,所以答案为 64。

35.【答案】B。

【解析】此程序考查带参数的宏定义,S(k+j)展开后即 $4*(k+j)*k+j+1$,所以结果为 143,答案为 B。

36.【答案】C。

【解析】结构体中的成员如果是数组类型,不能通过其数组名进行赋值。所以 C 选项错误。

37.【答案】D。

【解析】p->x 的值为 1,++(p->x)作用是取 p->x 的值加 1 作为表达式的值,即值为 2,同理++(p->y)的值为 3。所以选择 D 选项。

38.【答案】D。

【解析】考查结构体的应用,答案为 21。

39.【答案】C。

【解析】题中定义了无符号数,"c=a>>3;"是指右移 3 位,然后输出。结果为 1。

40.【答案】B。

【解析】考查基础知识,"fp=fopen("file","w");"是指写操作之后只可以读。所以答案为 B。

二、程序填空题(共 18 分)

【解题思路】

本题是考查如何从指定文件中找出指定学号的学生数据,并进行适当的修改,修改后重新写回到文件中该学生的数据上,即用该学生的新数据覆盖原数据。

第一处:判断读文件是否结束,所以应填 fp。

第二处:从读出的数据中判断是否是指定的学号,其中学号是由形参 sno 来传递的,所以应填＝＝。

第三处:从已打开文件 fp 中重新定位当前读出的结构位置,所以应填 fp。

三、程序修改题(共 18 分)

【结题思路】

第一处:函数应该使用圆括号,所以应改为"n＝strlen(aa) ;"。

第二处:变量 c 没有定义,但后面使用的是 ch 变量,所以应改为"ch＝aa[i];"。

四、程序设计题(共 24 分)

【解题思路】

本题是考查如何从链表中求出学生的最高分。

给定的程序是利用 while 循环语句以及临时结构指针 p 变量来求出最高分。

(1) 将链表中的第 1 个值赋给变量 max。

(2) 将链表指针 p 的初始位置指向 h 的 next 指针(h->next)。

(3) 判断 p 指针是否结束,如果结束,则返回 max,否则进行下一步操作。

(4) 判断 max 是否小于 p->s,如果小于,则 max 取 p->s,否则不替换。

(5) 取 p->next 赋值给 p(取下一结点位置给 p),转步骤(3)继续执行。

参考答案:

```
double fun( STREC * h )
{
    double max = h-> s;
    STREC * p;
    p = h-> next;
    while(p)
    {
        if(p-> s > max )
        max = p-> s;
        p = p-> next;
    }
    return max;
}
```

附录 A 上机环境介绍

目前，可以编译和运行 C 语言程序的环境有很多，如 Turbo C 环境、Borland C 环境，GCC(GNU Compiler Collection)、Microsoft Visual C++等。其中，Microsoft Visual C++ 6.0是目前流行较广的软件，它提供了强大的开发能力。可以在这一平台上开发控制台应用程序、Windows 应用程序、绘图程序、Internet 应用程序等。本书采用 Microsoft Visual C++ 6.0 作为 C 语言程序的编译、调试和运行环境。

A.1　Microsoft Visual C++ 6.0 工作环境

1. 启动 Microsoft Visual C++ 6.0 环境

启动 Microsoft Visual C++ 6.0(后面简称 VC.)环境的常用方法有以下 3 种。

(1) 通过双击桌面图标直接启动 VC 环境。在桌面上找到 VC 图标，使用鼠标左键双击，即可打开 VC 编译环境。

(2) 从"开始"菜单进入 VC 环境。

① 用鼠标单击左下角的"开始"菜单。

② 将鼠标上移至"程序"处。

③ 将鼠标右移，在下一级菜单中移至 Microsoft Visual Studio 6.0 处。

④ 再将鼠标右移至下一级菜单，并将鼠标移动到 Microsoft Visual C++ 6.0 处并单击，即可打开 VC 编译环境。

(3) 从桌面左下角的"运行"功能中进入 VC 环境

① 用鼠标单击桌面左下角的"开始"菜单。

② 将鼠标移到"运行"处并单击，会出现一个"运行"对话框。

③ 在弹出的对话框中输入"msdev"，然后单击"确定"按钮，即可打开 VC 环境。

打开 VC 后的窗体如图 A.1 所示，这就是编程时要用到的 VC 集成编译环境。

2. 建立工程

编写 C 程序之前，应该首先建立一个 VC 的工程(Project)。

建立工程的步骤如下。

(1) 在图 A.1 所示的 VC 环境窗口中单击"文件"菜单项，然后选择"新建"选项，出现如图 A.2 所示的"新建"对话框。该对话框包含"文件"、"工程"、"工作区"、"其他文档"4 个标签。

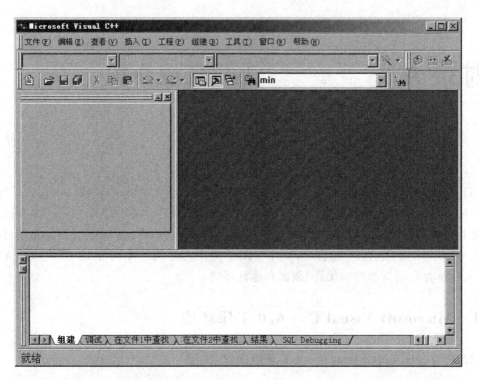

图 A.1　VC 环境窗口

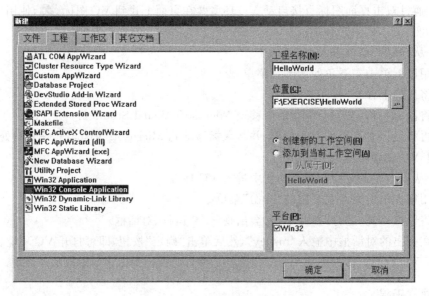

图 A.2　"新建"对话框

　　（2）选择"工程"选项卡，从工程类型列表中选择工程类型。C 语言程序设计课程主要涉及的是算法程序，所以选择"Win32 Console Application"类型的工程。

　　（3）选择了工程类型后，应填写工程的名称，具体方法是：在"工程名称"编辑框中输入工程名称，如"HelloWorld"。

（4）在"位置"编辑框中选择保存工程的目录，并单击"确定"按钮，就会弹出如图 A.3 所示的对话框。

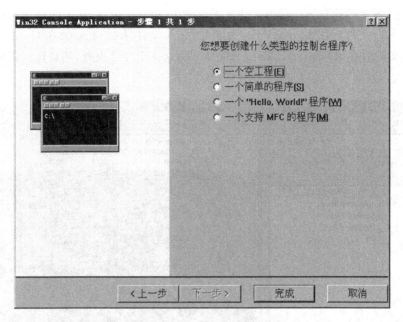

图 A.3　选择"Win32 Console Application"类型后的模板

（5）在图 A.3 所示的对话框中，列出了 4 种预设的工程模板，选择"一个空工程"单选按钮，然后单击"完成"按钮，会弹出"新建工程信息"对话框，如图 A.4 所示。从对话框中可以看到新建工程的一些简要信息，确定信息准确无误后，单击"确定"按钮，这样就成功地新建了一个 VC 工程。

图 A.4　"新建工程信息"对话框

上机环境介绍

现在观察一下 VC 编译环境中的变化,图 A.5 显示了新建"HelloWorld"工程后 VC 环境中的情况。窗口左边部分是工作区(Workspace),它显示了有关工程的信息,包括类信息、资源信息、源文件信息等。单击工作区下部的 FileView 标签,在工作区中可以看到 3 个目录:一般.cpp 文件放在 Source Files 文件夹中;头文件.h 或.hpp 放在 Header Files 文件夹中;资源文件放在 Resource Files 文件夹中;除这 3 个文件夹外,用户还可以建立自己的目录。

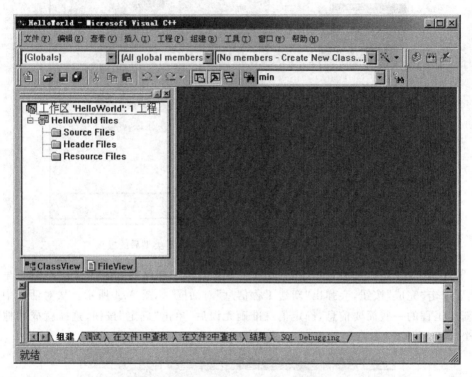

图 A.5 新建"HelloWorld"工程后 VC 环境

3. 向工程中加入新文件

在成功建立工程后,就可以向工程中添加新文件,以开始进行程序的编写和调试工作了。具体操作方法如下。

(1) 单击"文件"菜单,然后单击"新建"菜单项,弹出如图 A.6 所示的"新建"对话框。

(2) 在图 A.6 所示的对话框中选择文件类型。例如,想建立一个.c 或.cpp 文件,那么可以选择"C++ Source File"类型,如果想建立一个.h 文件,那么可以选择"C/C++ Header File"类型。

(3) 接着输入文件名称,这里输入"SubCall",再选择文件保存的路径,最后选中"添加到工程"复选框,并单击"确定"按钮,这样就成功地新建了一个名为 SubCall.cpp 的文件,并加入到前面已创建的 HelloWorld 工程之中。此时,编译环境中的情况如图 A.7 所示。

4. 编译、链接和运行程序

一个完整的 C 语言程序的编写过程一般包括 4 个步骤,即编写、编译、链接、运行。

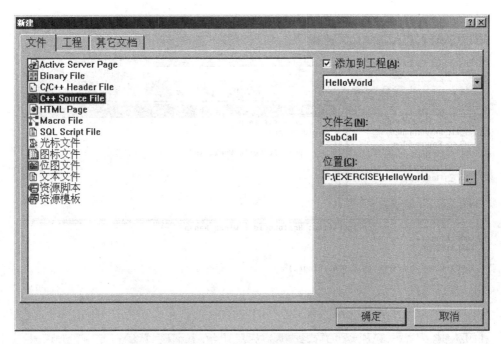

图 A.6 "新建"对话框

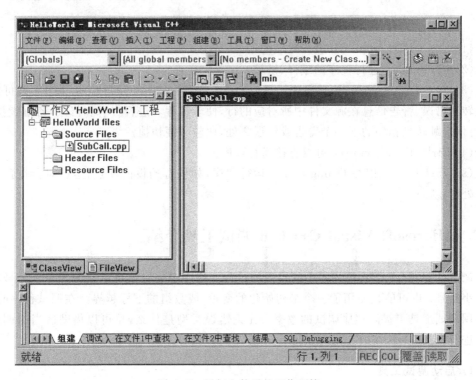

图 A.7 添加文件后的工作环境

图 A.8 显示了编译、链接和运行程序时所常用的快捷按钮。

也可以通过键盘上的快捷键进行上述操作,介绍如下。

上机环境介绍

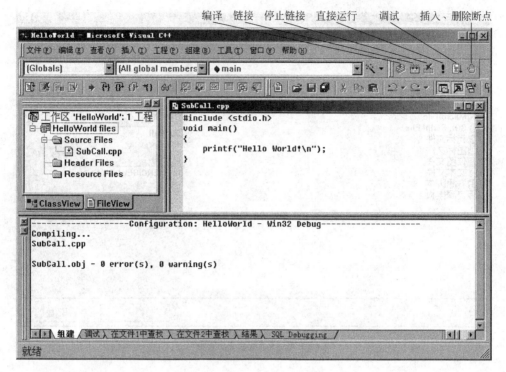

图 A.8 编译、链接和运行程序

(1) Ctrl+F7(Compile)：进行程序的编译。

(2) F7(Build)：进行程序的编译、链接。

(3) F4：编译、链接后，如果出现错误(Error)、警告(Warning)等信息，按 F4 键可以直接跳转到错误、警告信息在源文件中所对应的行，便于编程者进行查看和修改，若继续按 F4 键，可依次跳转到相邻的下一个警告或错误之处，比较方便快捷。

(4) Ctrl+F5(Execute)：可以直接运行程序。

(5) F5(GO)：可以在 Debug 模式下运行程序，如果有预设的断点，运行时会在预设的断点处停止运行。

A.2 Microsoft Visual C++ 6.0 调试工具介绍

调试(Debug)是指去掉程序中的错误的过程。程序中的错误可能是漏掉一个分号或者一个小括号；也可能是使用了一个未初始化的变量，或数组的下标越界。在调试程序时，学会使用调试工具可提高程序调试的效率。无论错误类型是什么，总可以借助适当的调试方法来进行查找。

1. 启动调试工具

要启动调试工具，首先要确认工程类型是 Win32 Debug。方法是选择"工程(Project)"菜单项中的"设置(Settings)"子菜单，在弹出的如图 A.9 所示的对话框中，选择"设置"下拉列表框中的"Win32 Debug"选项。确定工程类型为 Win32 Debug 以后，选择"编译(Build)"

菜单下的"开始调试(Start Debug)"子菜单,再选择二级子菜单"去"(GO);或者直接按 F5键,就可以启动调试工具了。

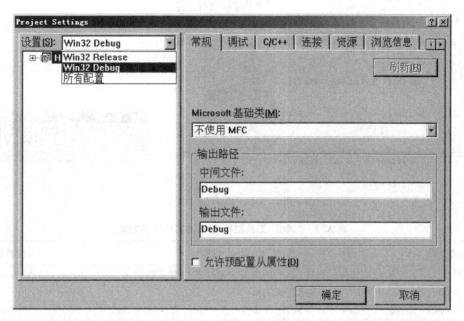

图 A.9 "Project Settings"对话框

2. 几种常用的调试操作

表 A.1 显示了几种最常用的调试操作。

表 A.1 几种常用的调试操作

调试操作	说 明	快捷键
GO	启动调试工具,并执行程序,直到遇到一个断点或程序结束,或直到应用程序暂停等待用户输入	F5
Step Into	启动调试工具,并逐行单步执行源文件,当所跟踪的语句包含一个函数或一个方法调用时,Step Into 进入所调用的子程序中	F11
Step Out	结束所调用子程序中的调试,跳出该子程序,与 Step Into 对应	Shift+F11
Step Over	启动调试工具,并逐行单步执行源文件,当所跟踪的语句包含一个函数或一个方法调用时,Step Over 不进入所调用的子程序中,而是直接跳过	F10
Run to Cursor	启动调试工具,并执行到光标所在的行	Ctrl+F10
Insert/Remove Breakpoint	在光标处插入/删除断点	F9

为了试调方便,也可以打开"调试"工具栏。打开的方法是:在 VC 环境窗口上部的菜单的空白处右击,然后在弹出如图 A.10(a)所示的快捷菜单中选择"调试"选项,即可出现如图 A.10(b)所示的"调试"工具栏。

"调试"工具栏所包括的其他常用功能如表 A.2 所示。

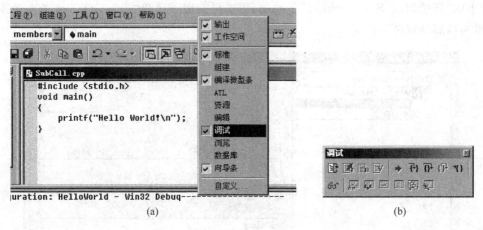

(a)   (b)

图 A.10 "调试"工具栏

表 A.2 "调试"工具栏所包括的其他常用功能

调试操作	说　明	快捷键
Restart	从开始处调试程序,而不从当前所跟踪的位置开始调试	Ctrl+shift+F5
Stop Debugging	结束调试,直接退出调试工具	Shift+F5
Quick Watch	显示 Quick Watch 窗口,在该窗口中可以计算表达式的值	Shift+F9
Watch	显示 Watch 窗口,该窗口包含关于当前和前面的语句中所使用的变量和返回值。当前函数的局部变量在 Local 标签中	Alt+3
Variables	显示 Variables 窗口,该窗口包含关于当前和前面的语句中所使用的变量和返回值。当前函数的局部变量在 Local 标签中	Alt+4
Registers	打开 Registers 窗口,显示微处理器的一般用途寄存器和 CPU 状态寄存器	Alt+5
Memory	打开 Memory 窗口,显示该应用程序的当前内存内容	Alt+6
Call Stack	打开 Call Stack 窗口,显示该应用程序的当前内存内容	Alt+7
Disassembly	打开一个包含汇编语言代码的窗口	Alt+8

A.3 C 语言调试运行中的常见错误

1. 源程序错误分类

C 编译程序将在每个阶段(预处理、语法分析、优化、代码生成)尽可能多地找出源程序中的错误。编译程序查出的错误分为三类:严重错误、一般错误和警告。

(1) 严重错误(Fatal Error):通常是指内部编译出错。在发生严重错误时,编译立即停止,必须采取一些适当的措施并重新编译。

(2) 一般错误(Error):指程序的语法错误以及磁盘、内存或命令行错误等。在发生一般错误时,编译程序将完成现阶段的编译,然后停止。

(3) 警告(Warning):指出一些值得怀疑的情况,而这些情况本身又可以合理地作为源程序的一部分。警告不阻止编译继续进行。

源程序编译后,编译程序首先输出上述三类出错信息,然后输出源文件名和出错的行号，最后输出信息的内容，如图 A.11 所示。

```
--------------------Configuration: HelloWorld - Win32 Debug--------------------
Compiling...
SubCall.cpp
F:\exercise\HelloWorld\SubCall.cpp(7) : error C2143: syntax error : missing ';' before '}'
执行 cl.exe 时出错.

SubCall.obj - 1 error(s), 0 warning(s)
```

图 A.11　错误信息

2. C 程序的常见错误

（1）书写标识符时，忽略了大小写字母的区别。

```
main()
{
    int a = 5;
    printf("% d",A);
}
```

编译程序把 *a* 和 *A* 认为是两个不同的变量名，而显示出错信息。C 语言程序认为大写字母和小写字母是两个不同的字符。习惯上，符号常量名用大写，变量名用小写表示，以增加可读性。

（2）忽略了变量的类型，进行了不合法的运算。

```
main()
{
    float a,b;
    printf("% d",a % b);
}
```

％是求余运算，得到 a/b 的整余数。整型变量 a 和 b 可以进行求余运算，而实型变量则不允许进行"求余"运算。

（3）将字符常量与字符串常量混淆。

```
char c;
c = "a";
```

在这里就混淆了字符常量与字符串常量，字符常量是由一对单引号括起来的单个字符，字符串常量是一对双引号括起来的字符序列。C 语言程序规定以"\"作字符串结束标志，它是由系统自动加上的，所以字符串"a"实际上包含 'a' 和 '\' 两个字符，而把它赋给一个字符变量是不行的。

（4）忽略了"＝"与"＝＝"的区别。在许多高级语言中，用"＝"符号作为关系运算符"等于"。如在 BASIC 程序中，可以编写

```
if (a = 3)    then …
```

但 C 语言中,"="是赋值运算符,"=="是关系运算符。如:

```
if (a == 3)     a = b;
```

前者是进行比较,*a* 是否和 3 相等,后者表示如果 *a* 和 3 相等,把 *b* 值赋给 *a*。由于习惯问题,初学者往往会犯这样的错误。

(5) 忘记加分号。分号是 C 语句中不可缺少的一部分,语句末尾必须有分号。例如:

```
a = 1
b = 2
```

编译时,编译程序在"a=1"后面没发现分号,就把下一行"b=2"也作为上一行语句的一部分,这就会出现语法错误。改错时,有时在被指出有错的一行中"\"未发现错误,就需要看一下上一行是否漏掉了分号。例如:

```
{
    z = x + y;
    t = z/100;
    printf(" % f",t);
}
```

对于复合语句来说,最后一个语句中最后的分号不能忽略不写(这是和 PASCAL 语言不同的)。

(6) 多加分号。

对于一个复合语句,如:

```
{
  z = x + y;
  t = z/100;
  printf(" % f",t);
};
```

复合语句的花括号后不应再加分号,否则将会画蛇添足。

又如:

```
if (a % 3 == 0);
i++;
```

本意是如果 3 整除 *a*,则 *i* 加 1。但由于 if (a%3==0)后多加了分号,则 if 语句到此结束,程序将执行 i++语句,不论 3 是否整除 *a*,*i* 都将自动加 1。

再如：

```
for (i = 0;i < 5;i++);
{
    scanf(" % d",&x);
    printf(" % d",x);
}
```

本意是先后输入 5 个数，每输入一个数后再将它输出。由于 for() 后多加了一个分号，使循环体变为空语句，此时只能输入一个数并输出它。

（7）输入变量时忘记加地址运算符"&"。

```
int a,b;
scanf(" % d % d",a,b);
```

这是不合法的。scanf 函数的作用是：按照 a、b 在内存的地址将 a、b 的值存进去。"&a"指 a 在内存中的地址。

（8）输入数据的方式与要求不符。例如：

```
scanf(" % d % d",&a,&b);
```

输入时，不能用逗号作两个数据间的分隔符，如下面输入不合法：

```
3,4
```

输入数据时，在两个数据之间以一个或多个空格间隔，也可用 Enter 键、Tab 键。

```
scanf(" % d, % d",&a,&b);
```

C 语言程序规定：如果在"格式控制"字符串中除了格式说明以外还有其他字符，则在输入数据时应输入与这些字符相同的字符。下面输入是合法的：

```
3,4
```

此时不用逗号而用空格或其他字符是不对的。

```
3 4    3:4
```

又如：

```
scanf("a = % d,b = % d",&a,&b);
```

输入以下形式：

```
a = 3,b = 4
```

(9) 输入字符的格式与要求不一致。在用"%c"格式输入字符时,"空格字符"和"转义字符"都作为有效字符输入。

```
scanf("%c%c%c",&c1,&c2,&c3);
```

如输入"a b c",字符"a"送给 c1,字符" "送给 c2,字符"b"送给 c3,因为%c 只要求读入一个字符,后面不需要用空格作为两个字符的间隔。

(10) 输入输出的数据类型与所用格式说明符不一致。例如,a 已定义为整型,b 定义为实型。

```
a = 3;    b = 4.5;
printf("%f%d\n",a,b);
```

编译时不给出出错信息,但运行结果将与原意不符。这种错误尤其需要注意。

(11) 输入数据时,企图规定精度。例如:

```
scanf("%7.2f",&a);
```

这样做是不合法的,输入数据时不能规定精度。

(12) switch 语句中漏写 break 语句。例如,根据考试成绩的等级打印出百分制数段。

```
switch(grade)
{
    case 'A':printf("85~100\n");
    case 'B':printf("70~84\n");
    case 'C':printf("60~69\n");
    case 'D':printf("<60\n");
    default:printf("error\n");
}
```

由于漏写了 break 语句,case 只起标号的作用,而不起判断作用。因此,当 grade 值为 A 时,printf 函数在执行完第一个语句后接着执行第二、三、四、五个 printf 函数语句。正确写法应在每个分支后再加上"break;"。例如:

```
case 'A':printf("85~100\n");break;
```

(13) 忽视了 while 和 do…while 语句在细节上的区别。例如:

```
main()
{
    int a = 0,i
    scanf("%d",&i);
```

```
    while(i < = 10)
    {
        a = a + i;
        i++;
    }
    printf(" % d",a);
}
```

又如：

```
main()
{
    int a = 0,i;
    scanf(" % d",&i);
    do
    {
        a = a + i;
        i++;
    }while(i < = 10);
    printf(" % d",a);
}
```

可以看到，当输入 i 的值小于或等于 10 时，两者得到的结果相同。而当 $i>10$ 时，两者结果就不同了。因为 while 循环是先判断后执行，而 do…while 循环是先执行后判断。对于大于 10 的数 while 循环一次也不执行循环体，而 do…while 语句则要执行一次循环体。

（14）定义数组时误用变量。例如：

```
int   n;
scanf(" % d",&n);
int a[n];
```

数组名后用方括号括起来的是常量表达式，可以包括常量和符号常量，即 C 不允许对数组的大小作动态定义。

（15）在定义数组时，将定义的"元素个数"误认为是可使用的最大下标值。例如：

```
main()
{
    static int a[10] = {1,2,3,4,5,6,7,8,9,10};
    printf(" % d",a[10]);
}
```

C 语言规定：定义时用 a[10]，表示 a 数组有 10 个元素。其下标值由 0 开始，所以数组元素 a[10]是不存在的。

上机环境介绍

(16) 初始化数组时,未使用静态存储。例如:

```
int a[3] = {0,1,2};
```

这样初始化数组是不对的。C 语言规定只有静态存储(static)数组和外部存储(exterm)数组才能初始化。应改为:

```
static int a[3] = {0,1,2};
```

(17) 在不应加地址运算符 & 的位置加了地址运算符。例如:

```
scanf("% s",&str);
```

C 语言编译系统对数组名的处理是:数组名代表该数组的起始地址,且 scanf 函数中的输入项是字符数组名,不必要再加地址符 &。应改为:

```
scanf("% s",str);
```

(18) 同时定义了形参和函数中的局部变量。例如:

```
int max(x,y)
int x,y,z;
{
    z = x > y?x:y;
    return(z);
}
```

形参应该在函数体外定义,而局部变量应该在函数体内定义。应改为:

```
int max(x,y)
int x,y;
{
    int z;
    z = x > y?x:y;
    return(z);
}
```

A.4   常见错误提示的中文解释

- Ambiguous operators need parentheses

不明确的运算需要用括号括起来。

- Ambiguous symbol "xxx"

不明确的符号。

- Argument list syntax error

参数表语法错误。

- Array bounds missing

丢失数组界限符。

- Array size toolarge

数组尺寸太大。

- Bad character in parameters

参数中有不适当的字符。

- Bad file name format in include directive

包含命令中文件名格式不正确。

- Bad ifdef directive syntax

编译预处理 ifdef 有语法错误。

- Bad undef directive syntax

编译预处理 undef 有语法错误。

- Bit field too large

位字段太长。

- Call of non-function

调用未定义的函数。

- Call to function with no prototype

调用函数时没有函数的说明。

- Cannot modify a const object

不允许修改常量对象。

- Case outside of switch

漏掉了 case 语句。

- Case syntax error

Case 语法错误。

- Code has no effect

代码无效或代码不可能执行到。

- Compound statement missing{

分程序漏掉"{"。

- Conflicting type modifiers

不明确的类型说明符。

- Constant expression required

要求常量表达式。

- Constant out of range in comparison

在比较中常量超出范围。

- Conversion may lose significant digits

转换时会丢失意义的数字。

- Conversion of near pointer not allowed

不允许转换近指针。

- Could not find file "xxx"

找不到×××文件。

- Declaration missing ;

说明缺少";"。

- Declaration syntax error

说明中出现语法错误。

- Default outside of switch

default 出现在 switch 语句之外。

- Define directive needs an identifier

定义编译预处理需要标识符。

- Division by zero

用零作除数。

- Do statement must have while

do-while 语句中缺少 while 部分。

- Enum syntax error

枚举类型语法错误。

- Enumeration constant syntax error

枚举常数语法错误。

- Error directive :xxx

错误的编译预处理命令。

- Error writing output file

写输出文件错误。

- Expression syntax error

表达式语法错误。

- Extra parameter in call

调用时出现多余错误。

- File name too long

文件名太长。

- Function call missing

函数调用缺少右括号。

- Function definition out of place

函数定义位置错误。

- Function should return a value

函数必需返回一个值。

- Goto statement missing label

goto 语句没有标号。

- Hexadecimal or octal constant too large

十六进制或八进制常数太大。

- Illegal character "x"

非法字符"x"。

- Illegal initialization

非法的初始化。

- Illegal octal digit

非法的八进制数字。

- Illegal pointer subtraction

非法的指针相减。

- Illegal structure operation

非法的结构体操作。

- Illegal use of floating point

非法的浮点运算。

- Illegal use of pointer

指针使用非法。

- Improper use of a typedefsymbol

类型定义符号使用不恰当。

- In-line assembly not allowed

不允许使用行间汇编。

- Incompatible storage class

存储类别不相容。

- Incompatible type conversion

不相容的类型转换。

- Incorrect number format

错误的数据格式。

- Incorrect use of default

default 使用不当。

- Invalid indirection

无效的间接运算。

- Invalid pointer addition

指针相加无效。

- Irreducible expression tree

无法执行的表达式运算。

- Lvalue required

需要逻辑值 0 或非 0 值。

- Macro argument syntax error

宏参数语法错误。

- Macro expansion too long

宏的扩展太长。

- Mismatched number of parameters in definition

上机环境介绍

定义中参数个数不匹配。

• Misplaced break

此处不应出现 break 语句。

• Misplaced continue

此处不应出现 continue 语句。

• Misplaced decimal point

此处不应出现小数点。

• Misplaced elif directive

不应编译预处理 elif 。

• Misplaced else

此处不应出现 else 。

• Misplaced else directive

此处不应出现编译预处理 else 。

• Misplaced endif directive

此处不应出现编译预处理 endif 。

• Must be addressable

必须是可以编址的。

• Must take address of memory location

必须存储定位的地址。

• No declaration for function "xxx"

没有函数 xxx 的说明。

• No stack

缺少堆栈。

• No type information

没有类型信息。

• Non-portable pointer assignment

不可移动的指针(地址常数)赋值。

• Non-portable pointer comparison

不可移动的指针(地址常数)比较。

• Non-portable pointer conversion

不可移动的指针(地址常数)转换。

• Not a valid expression format type

不合法的表达式格式。

• Not an allowed type

不允许使用的类型。

• Numeric constant too large

数值常量太大。

• Out of memory

内存不够用。

- Parameter "xxx" is never used

参数 xxx 没有用到。

- Pointer required on left side of ->

符号"->"的左边必须是指针。

- Possible use of "xxx" before definition

在定义之前就使用了 xxx(警告)。

- Possibly incorrect assignment

赋值可能不正确。

- Redeclaration of "xxx"

重复定义了 xxx。

- Redefinition of "xxx" is not identical

xxx 的两次定义不一致。

- Register allocation failure

寄存器寻址失败。

- Repeat count needs an lvalue

重复计数需要逻辑值。

- Size of structure or array not known

结构体或数组大小不确定。

- Statement missing;

语句后缺少";"。

- Structure or union syntax error

结构体或联合体语法错误。

- Structure size too large

结构体尺寸太大。

- Sub scripting missing]

下标缺少右方括号。

- Superfluous & with function or array

函数或数组中有多余的"&"。

- Suspicious pointer conversion

可疑的指针转换。

- Symbol limit exceeded

符号超限。

- Too few parameters in call

函数调用时的实参少于函数的参数。

- Too many default cases

default 太多(switch 语句中一个)。

- Too many error or warning messages

错误或警告信息太多。

- Too many type in declaration

上机环境介绍

说明中类型太多。

• Too much auto memory in function

函数用到的局部存储太多。

• Too much global data defined in file

文件中全局数据太多。

• Two consecutive dots

两个连续的句点。

• Type mismatch in parameter xxx

参数 xxx 类型不匹配。

• Type mismatch in redeclaration of "xxx"

xxx 重定义的类型不匹配。

• Unable to create output file "xxx"

无法建立输出文件 xxx 。

• Unable to open include file "xxx"

无法打开被包含的文件 xxx 。

• Unable to open input file "xxx"

无法打开输入文件 xxx 。

• Undefined label "xxx"

没有定义的标号 xxx 。

• Undefined structure "xxx"

没有定义的结构 xxx 。

• Undefined symbol "xxx"

没有定义的符号 xxx 。

• Unexpected end of file in comment started on line xxx

从 xxx 行开始的注解尚未结束文件不能结束。

• Unexpected end of file in conditional started on line xxx

从 xxx 开始的条件语句尚未结束文件不能结束。

• Unknown assemble instruction

未知的汇编结构。

• Unknown option

未知的操作。

• Unknown preprocessor directive："xxx"

不认识的预处理命令 xxx 。

• Unreachable code

无法执行的代码。

• Unterminated string or character constant

字符串缺少引号。

• User break

用户强行中断了程序。

- Void functions may not return a value

Void 类型的函数不应有返回值。

- Wrong number of arguments

调用函数的参数数目错误。

- "xxx" not an argument

xxx 不是参数。

- "xxx" not part of structure

xxx 不是结构体的一部分。

- xxx statement missing(

xxx 语句缺少左括号。

- xxx statement missing

xxx 语句缺少右括号。

- xxx statement missing；

xxx 缺少分号。

- "xxx" declared but never used

说明了 xxx 但没有使用。

- "xxx" is assigned a value which is never used

给 xxx 赋了值但未用过。

- Zero length structure

结构体的长度为零。

常用字符的 ASCII 码对照表

ASCII（美国信息交换标准编码）表

字符	ASCII 代码		
	二进制	十进制	十六进制
Enter	0001101	13	0D
Esc	0011011	27	1B
Space	0100000	32	20
!	0100001	33	21
"	0100010	34	22
#	0100011	35	23
$	0100100	36	24
%	0100101	37	25
&	0100110	38	26
,	0100111	39	27
(	0101000	40	28
)	0101001	41	29
*	0101010	42	2A
+	0101011	43	2B
,	0101100	44	2C
—	0101101	45	2D
.	0101110	46	2E
/	0101111	47	2F
0	0110000	48	30
1	0110001	49	31
2	0110010	50	32
3	0110011	51	33
4	0110100	52	34
5	0110101	53	35
6	0110110	54	36
7	0110111	55	37
8	0111000	56	38
9	0111001	57	39
:	0111010	58	3A

字符	ASCII 代码		
	二进制	十进制	十六进制
;	0111011	59	3B
<	0111100	60	3C
=	0111101	61	3D
>	0111110	62	3E
?	0111111	63	3F
@	1000000	64	40
A	1000001	65	41
B	1000010	66	42
C	1000011	67	43
D	1000100	68	44
E	1000101	69	45
F	1000110	70	46
G	1000111	71	47
H	1001000	72	48
I	1001001	73	49
J	1001010	74	4A
K	1001011	75	4B
L	1001100	76	4C
M	1001101	77	4D
N	1001110	78	4E
O	1001111	79	4F
P	1010000	80	50
Q	1010001	81	51
R	1010010	82	52
S	1010011	83	53
T	1010100	84	54
U	1010101	85	55
V	1010110	86	56
W	1010111	87	57
X	1011000	88	58
Y	1011001	89	59
Z	1011010	90	5A
[	1011011	91	5B
\	1011100	92	5C
]	1011101	93	5D
ˆ	1011110	94	5E
—	1011111	95	5F
a	1100001	97	61
b	1100010	98	62
c	1100011	99	63
d	1100100	100	64

231

附
录
B

常用字符的 ASCII 码对照表

字符	ASCII 代码		
	二进制	十进制	十六进制
e	1100101	101	65
f	1100110	102	66
g	1100111	103	67
h	1101000	104	68
i	1101001	105	69
j	1101010	106	6A
k	1101011	107	6B
l	1101100	108	6C
m	1101101	109	6D
n	1101110	110	6E
o	1101111	111	6F
p	1110000	112	70
q	1110001	113	71
r	1110010	114	72
s	1110011	115	73
t	1110100	116	74
u	1110101	117	75
v	1110110	118	76
w	1110111	119	77
x	1111000	120	78
y	1111001	121	79
z	1111010	122	7A
{	1111011	123	7B
|	1111100	124	7C
}	1111101	125	7D
~	1111110	126	7E

附录C C运算符及优先级

优先级	运算符	含义	要求运算对象的个数	结合方向
1	( ) [ ] -> .	圆括号 下标运算符 指向结构体成员运算符 结构体成员运算符		自左至右
2	! ~ ++ —— — ( ) * & sizeof	逻辑非 按位取反 自增 自减 负号 类型转换 指针 地址 长度	1（单目运算符）	自右至左
3	* / %	乘法 除法 求余	2（双目运算符）	自左至右
4	+ —	加法 减法	2（双目运算符）	自左至右
5	<< >>	左移 右移	2（双目运算符）	自左至右
6	< <= > >=	关系运算符	2（双目运算符）	自左至右
7	== !=	等于 不等于	2（双目运算符）	自左至右
8	&	按位与	2（双目运算符）	自左至右
9	^	按位异或	2（双目运算符）	自左至右
10	|	按位或	2（双目运算符）	自左至右
11	&&	逻辑与	2（双目运算符）	自左至右
12	||	逻辑或	2（双目运算符）	自左至右
13	?:	条件运算符	3（三目运算符）	自右至左
14	= += —= *= /= %= >>= <<= &= ^= !=	赋值运算符	2	自右至左
15	,	逗号运算符（顺序求值运算符）		自左至右

附录 D　　C 语言的库函数

库函数提供了一些程序员经常使用的函数，它并不是 C 语言的一部分。不同的 C 编译系统提供的库函数的数量和函数名都不完全相同，下面列举了 ANSI C 标准中提供的、常用的部分库函数。

标准库中的函数原形、宏以及一些类型被定义在标准头文件中。程序员要使用标准库中的特定函数时，必须首先引用相应的头文件。这些头文件如下所列：

<assert.h>　<float.h>　　<math.h>　<stdarg.h>　<stdlib.h>

<ctype.h>　<limits.h>　<setjmp.h>　<stddef.h>　<string.h>

<errno.h>　<locale.h>　<signal.h>　<stdio.h>　　<stime.h>

头文件的引用方法如下：

```
#include < header >
```

C 库函数的种类和数目非常多，本附录不可能全部罗列。在具体程序设计中，读者可以根据需要查阅所用编译系统的函数手册。

1. 输入/输出函数<stdio. h>

1) 字符的输入/输出

- int fgetc(FILE * stream)

函数功能：从 stream 所指定的文件中取得下一个字符。

返回值：返回所得到的字符数。如遇到文件尾或读入错误就返回 EOF。

- char * fgets(char * s, int n, FILE * stream)

函数功能：从 stream 所指定的文件中读取一个最长为 $(n-1)$ 的字符串，存入起始地址为 s 的数组空间中，遇到换行符或文件尾则读取结束。

返回值：返回地址 s，若遇到文件结束或出错，返回 NULL。

- int fputc(int c, FILE * stream)

函数功能：函数把 c 转换为 unsigned char，并写到 stream 指向的文件中。

返回值：如果成功返回(int)(unsigned char) c，否则返回 EOF。

- int fputs(const char * s, File * stream)

函数功能：把 s 指向的字符串写入到 stream 指向的文件中，但字符串结尾的空字符除外。

返回值：返回 0,若出错返回非 0。

· int getc * (FILE * stream)

函数功能：从 stream 所指的文件中取得下一个字符。

返回值：返回所得的字符,若遇到文件尾或错误则返回 EOF。

· int getchar(void)

函数功能：从标准输入设备中读取下一个字符。

返回值：所读字符。若文件结束或出错,则返回−1。

· char * gets(char * s)

函数功能：从标准输入设备中读取字符,并存储到 s 指向的数组中,直到遇到换行符或文件结束标记,最后写入的是空字符,换行符被忽略。（fgets()要存储换行符）。

返回值：如果成功返回 s,否则返回 NULL。

· int putc(int c, FILE * stream)

函数功能：输出字符 c 到 stream 所指的文件中。等价于 fputc(),不同在于本函数用宏实现。

返回值：输出的字符 c,出错时返回 EOF。

· int putchar(int c)

函数功能：把字符 c 输出到标准输出设备。

返回值：输出的字符 c,出错时返回 EOF。

· int puts(const char * s)

函数功能：把 s 指向的字符串输出到标准输出设备,但不输出空字符'\0',而是将'\0'转换为回车换行。

返回值：如果调用成功则返回一个非负值,否则返回 EOF。

2）格式化输入/输出

· int fprintf(FILE * fp, const char * format, args,…)

函数功能：把 args 的值以 format 指定的格式输入到 fp 指向的文件中。

返回值：实际输出的字符数,如果出错会返回一个负值。

· int printf(const char * format, args,…)

函数功能：把输出列表 args 中的值,按 format 指向的格式字符串规定的格式输出到标准输出设备。Format 可以是一个字符串,或字符数组的起始地址。

返回值：实际输出的字符数,如果出错会返回一个负值。

· int scanf(const char * format, args,…)

函数功能：从标准输入设备按 format 指向的格式字符串所规定的格式,输入数据给 args 所指的单元,其中 args 为指针。

返回值：读入并赋给 args 的数据个数。遇到文件结束返回 EOF,出错时返回 0。

3）直接输入/输出

· int fread (char * pt, unsigned size, unsigned n, FILE * fp)

函数功能：从 fp 所指定的文件中最多读取长度 size 的 n 个数据项,存入 fp 所指向的数组空间中。

返回值：返回所读的数据项个数,如遇到文件结束或出错返回 0。

• int fwrite (char * ptr, unsigned size, unsigned n, FILE * fp)

函数功能：把 ptr 所指向的 $n * size$ 个字节输出到 fp 所指向的文件中。

返回值：写到 fp 文件中的数据项的个数。

4) 文件操作

• FILE * fopen(const char * filename, const char * mode)

函数功能：以 mode 指定的方式打开名为 filename 的文件。

返回值：成功时返回一个指向文件信息区的起始地址的指针,否则返回 0。

• int fclose(FILE * fp)

函数功能：关闭 fp 所指的文件,释放文件缓存区。

返回值：有错误是返回非零值,否则返回 0。

• int remove(const char * filename)

函数功能：从文件系统中删除名为 filename 的文件。

返回值：如果成功返回 0,否则返回 -1。

• int rename(const char * oldname, const char * newname)

函数功能：把由 oldname 所指的文件名改为 newname 所指的文件名。

返回值：成功返回 0,出错返回 -1。

• int fseek(FILE * fp, long offset, int place)

函数功能：将 fp 所指向的文件的位置指针移动到以 place 所指位置为基准、以 offset 为位移量的位置。

返回值：如果成功返回当前位置,否则,返回 -1。

• long ftell(FILE * fp)

函数功能：返回 fp 所指向的文件中的读写位置。

返回值：返回 fp 所指向的文件中的读写位置。

5) 错误处理函数<error. h>

• void clearerr(FILE * fp)

函数功能：清除与 fp 相关的文件错误指示器和文件尾指示器。

返回值：无。

• int feof(FILE * fp)

函数功能：检查文件是否结束。

返回值：遇文件结束符返回非零值。

2. 动态内存分配<stdlib. h>

在 ANSI 标准中,动态内存分配函数在<stdlib. h>中定义,但也有一些编译系统中用 <malloc. h>。

• void * calloc (unsigned n, unsign size)

函数功能：分配 n 个数据项的连续内存空间,每个数据项的大小为 size。并用 0 按位对该空间初始化。

返回值：如成功返回分配内存空间的起始地址,否则返回 0。

• void free(void * p)

函数功能：释放由 p 指向的内存空间。

返回值：无。

- void * malloc (unsigned size)

函数功能：在内存中分配由 size 个字节组成的存储区,但对存储区不进行初始化。

返回值：如成功返回分配内存空间的起始地址,否则返回 0。

- void * realloc (void * p, unsigned size)

函数功能：将 p 指向的分配内存区的大小改为 size。但对内存区中的内容不作改变。

返回值：返回指向该内存区的指针。

3. 数学函数 <math. h>

使用数学函数时,要包含头文件 <math. h>。

1) 三角函数

- double cos(double x)

函数功能：计算 $\cos(x)$ 的值。

返回值：计算结果。

- double sin(double x)

函数功能：计算 $\sin(x)$ 的值。

返回值：计算结果。

- double tan(double x)

函数功能：计算 $\tan(x)$ 的值。

返回值：计算结果。

2) 反三角函数

- double acos(double x)

函数功能：计算 $\cos^{-1}(x)$ 的值。

返回值：计算结果。

- double asin(double x)

函数功能：计算 $\sin^{-1}(x)$ 的值。

返回值：计算结果。

- double atan(double x)

函数功能：计算 $\tan^{-1}(x)$ 的值。

返回值：计算结果。

- double atan2(double y, double x)

函数功能：计算 $\tan^{-1}(x/y)$ 的值。

返回值：计算结果。

3) 双曲函数

- double cosh(double x)

函数功能：计算 x 的双曲余弦 $\cosh(x)$ 的值。

返回值：计算结果。

- double sinh(double x)

函数功能：计算 x 的双曲正弦 $\sinh(x)$ 的值。

返回值：计算结果。

- double tanh(double x)

函数功能：计算 x 的双曲正切 $\tanh(x)$ 的值。

返回值：计算结果。

4）幂、指、对函数

- double exp(double x)

函数功能：求 e^x 的值。

返回值：计算结果。

- double log(double x)

函数功能：求 $\ln x$ 的值。

返回值：计算结果。

- double log10(double x)

函数功能：求 $\log_{10} x$ 的值。

返回值：计算结果。

- double pow(double x, double y)

函数功能：求 x^y 的值。

返回值：计算结果。

5）其他数学函数

- double fabs(double x)

函数功能：求 x 的绝对值。

返回值：计算结果。

- double floor (double x)

函数功能：求不大于 x 的最大整数。

返回值：该整数的双精度数。

- modf(double val, double ＊ iptr)

函数功能：把双精度数 val 分解为整数部分和小数部分，把整数部分存放到 iptr 指向的单元。

返回值：val 的小数部分。

- int rand (void)

函数功能：产生 $-90 \sim 32767$ 之间的随机整数。

返回值：产生的随机整数。

- double sqrt (double x)

函数功能：计算 $\sqrt{x}$。

返回值：计算结果。

4. 分类函数 <ctype. h>

头文件 <ctype. h> 中定义了对字符进行测试的一些函数。

- int isalnum(int c)

函数功能：检查 c 是否是字母或数字。

返回值：是字母或数字返回 1,否则返回 0。

- int isalpha(int c)

函数功能：检查 c 是否是字母。

返回值：如果是返回 1,否则返回 0。

- int iscntrl(int c)

函数功能：检查 c 是否是控制字符,即 ASCII 码在 0 到 31 之间。

返回值：如果是返回 1,否则返回 0。

- int isdigit(int c)

函数功能：检查 c 是否是 0~9 之间的数字。

返回值：如果是返回 1,否则返回 0。

- int islower(int c)

函数功能：检查 c 是否是小写字母 a~z。

返回值：如果是返回 1,否则返回 0。

- int isprint(int c)

函数功能：检查 c 是否是可打印字符,即 ASCII 码为 32~126。

返回值：如果是返回 1,否则返回 0。

- int isspace(int c)

函数功能：检查 c 是否是空格、跳格符或换行符。

返回值：如果是返回 1,否则返回 0。

- int isupper(int c)

函数功能：检查 c 是否是大写字母 A~Z。

返回值：如果是返回 1,否则返回 0。

- int isxdigit(int c)

函数功能：检查 c 是否是十六进制数学字符,即 0~9、A~F 或 a~f。

返回值：如果是返回 1,否则返回 0。

- int tolower(int c)

函数功能：将字符 c 转换为小写。

返回值：转换后的小写字符。

- int toupper(int c)

函数功能：将字符 c 转换为大写。

返回值：转换后的大写字符。

5. 字符串函数<string. h>

- char * strcat(char * str1, char * str2)

函数功能：把 str2 复制到 str1 的后面,同时删除 str1 后面的'/0',要完成该操作必须确保 str1 后面有足够的空间容纳 str2。

返回值：返回字符串 str1。

- char * strchr(char * str, int c)

函数功能：在 str 中搜索与字符 c 相匹配的第一个字符。

返回值：找到的字符的地址,否则返回 NULL。

- int strcmp(char * str1, char * str2)

函数功能：按字典顺序比较串 str1 和 str2。

返回值：str1<str2 时,返回负值;str1>str2 时,返回正值;str1=str2 时,返回 0。

- char * strcpy(char * str1, char * str2)

函数功能：将 str2 指向的字符串复制到 str1 中,包括结尾的空字符。str1 中的旧值被覆盖,同时要确保 str1 所指的空间能容纳复制后的内容。

返回值：字符串 str1。

- unsigned int strlen(char * str)

函数功能：统计 str 中字符的个数,但不包括结尾的'/0'。

返回值：字符的个数。

- char * strstr(char * str1, char * str2)

函数功能：在串 str1 中搜索串 str2 第一次出现的位置,搜索时不包括 str2 的串结束符。

返回值：指向该位置的指针,找不到时返回 NULL。

6. 目录函数<dir.h>

- int chdir(char * path)

函数功能：使指定的目录 path(如"C:\\WPS")变成当前的工作目录。

返回值：成功返回 0。

- int findfirst(char * pathname,struct ffblk * ffblk,int attrib)

函数功能：查找指定的文件,其中 pathname 为指定的目录名和文件名,ffblk 为指定的保存文件信息的一个结构,attrib 为文件属性。

返回值：成功返回 0。

- int findnext(struct ffblk * ffblk)

函数功能：取匹配 finddirst 的文件。

返回值：成功返回 0。

- void fumerge(char * path,char * drive,char * dir,char * name,char * ext)

函数功能：此函数通过盘符 drive("C:"、"A:"等)、路径 dir("\TC"、"\BC\LIB"等)、文件名 name(TC、WPS 等)、扩展名 ext(".EXE、"."COM"等)组成一个文件名存在 path 中。

返回值：无返回值。

- int fnsplit(char * path,char * drive,char * dir,char * name,char * ext)

函数功能：此函数将文件名 path 分解成盘符 drive("C:"、"A:"等)、路径 dir("\TC"、"\BC\LIB"等)、文件名 name(TC、WPS 等)、扩展名 ext(".EXE"、".COM"等),并分别存入相应的变量中。

返回值：成功返回 0。

- int getcurdir(int drive,char * direc)

函数功能：此函数返回指定驱动器的当前工作目录名称,其中 drive 为指定的驱动器(0=当前、1=A、2=B、3=C 等),direc 保存指定驱动器当前工作路径的变量。

返回值：成功返回 0。

• char ＊ getcwd(char ＊ buf，i int *n*)

函数功能：此函数取当前工作目录并存入 buf 中，直到 *n* 个字节长为止。

返回值：错误返回 NULL。

• int getdisk()

函数功能：取当前正在使用的驱动器。

返回值：返回一个整数(0＝A、1＝B、2＝C 等)。

• int setdisk(int drive)

函数功能：设置要使用的驱动器 drive(0＝A、1＝B、2＝C 等)。

返回值：返回可使用驱动器总数。

• int mkdir(char ＊ pathname)

函数功能：建立一个新的目录 pathname。

返回值：成功返回 0。

• int rmdir(char ＊ pathname)

函数功能：删除一个目录 pathname。

返回值：成功返回 0。

• char ＊ mktemp(char ＊ template)

函数功能：构造一个当前目录上没有的文件名并存于 template 中。

返回值：成功返回 0。

• char ＊ searchpath(char ＊ pathname)

函数功能：利用 MSDOS 找出文件 filename 所在路径，此函数使用 DOS 的 PATH 变量。

返回值：未找到文件返回 NULL。

7. 进程函数＜process. h＞

• void abort()

函数功能：此函数通过调用具有出口代码 3 的_exit 写一个终止信息于 stderr，并异常终止程序。

返回值：无返回值。

• void _exit(int status)

函数功能：终止当前程序，但不清理现场。

返回值：无返回值。

• void exit(int status)

函数功能：终止当前程序，关闭所有文件，写缓冲区的输出(等待输出)，并调用任何寄存器的"出口函数"。

返回值：无返回值。

• int system(char ＊ command)

函数功能：将 MSDOS 命令 command 传递给 DOS 执行。

8. 诊断函数＜assert. h＞

• void assert(int test)

函数功能：一个扩展成 if 语句那样的宏，如果 test 测试失败，就显示一个信息并异常终止程序，无返回值。

返回值：无返回值。

- void perror(char * string)

函数功能：本函数将显示最近一次的错误信息。

返回值：无返回值。

- char * strerror(char * str)

函数功能：本函数返回最近一次的错误信息。

返回值：返回错误信息。

9. 图形、图像函数<graphics. h>

对许多图形应用程序，直线和曲线是非常有用的。但对有些图形只能靠操作单个像素才能画出。当然如果没有画像素的功能，就无法操作直线和曲线的函数。而且通过大规模使用像素功能，整个图形就可以保存、写、擦除和与屏幕上的原有图形进行叠加。

- void putpixel(int x,int y,int color)

函数功能：在图形模式下屏幕上画一个像素点。说明：参数 x、y 为像素点的坐标，color 是该像素点的颜色，它可以是颜色符号名，也可以是整型色彩值。

返回值：无返回值。

- int getpixel(int x,int y)

函数功能：返回像素点颜色值。说明：参数 x、y 为像素点坐标。

返回值：返回一个像素点色彩值。

- void line(int startx,int starty,int endx,int endy)

函数功能：使用当前绘图色、线型及线宽，在给定的两点间画一直线。说明：参数 startx、starty 为起点坐标，endx、endy 为终点坐标，函数调用前后，图形状态下屏幕光标（一般不可见）当前位置不改变。

返回值：无返回值。

- void lineto(int x,int y)

函数功能：使用当前绘图色、线型及线宽，从当前位置画一直线到指定位置。说明：参数 x、y 为指定点的坐标，函数调用后，当前位置改变到指定点(x,y)。

返回值：无返回值。

- void linerel(int dx,int dy)

函数功能：使用当前绘图色、线型及线宽，从当前位置开始，按指定的水平和垂直偏移距离画一直线。说明：参数 dx、dy 分别是水平偏移距离和垂直偏移距离。

返回值：无返回值。

- void setlinestyle(int stly,unsigned pattern,int width)

函数功能：为画线函数设置当前线型，包括线型、线图样和线宽。说明：参数 style 为线型取值，也可以用相应名称表示，参数 pattern 用于自定义线图样，参数 width 用来设定线宽。

返回值：无返回值。

- void getlinesettings(struct linesettingstype * info)

函数功能：用当前设置的线型、线图样和线宽填写 linesettingstype 型结构。说明：此函数调用执行后，当前的线型、线图样和线宽值被装入 info 指向的结构里，从而可从该结构中获得线型设置。

返回值：返回的线型设置存放在 info 指向的结构中。

- void setwritemode(int mode)

函数功能：设置画线模式，其中参数 mode 只有两个取值 0 和 1。若 mode 为 0，则新画的线将覆盖屏幕上原有的图形，此为默认画线输出模式；若 mode 为 1，那么新画的像素点与原有图形的像素点先进行异或(XOR)运算，然后输出到屏幕上，使用这种画线输出模式，第二次画同一图形时，将擦除该图形。

返回值：无返回值。

- void rectangle(int left,int top,int right,int bottom)

函数功能：用当前绘图色、线型及线宽，画一个给定左上角与右下角的矩形(正方形或长方形)。说明：参数 left、top 是左上角点坐标，right、bottom 是右下角点坐标。如果有一个以上角点不在当前图形视口内，且裁剪标志 clip 设置的是真(1)，那么调用该函数后，只有在图形视口内的矩形部分才被画出。

返回值：无返回值。

- void bar(int left,int top,int right,int bottom)

函数功能：用当前填充图样和填充色(注意不是给图色)画出一个指定左上角与右下角的实心长条形(长方块或正方块)，但没有四条边线。

返回值：无返回值。

- void bar3d(int left,int top,int right,int bottom,int depth,int topflag)

函数功能：使用当前绘图色、线型及线宽画出三维长方形条块，并用当前填充图样和填充色填充该三维条块的表面。

返回值：无返回值。

- void drawpoly(int pnumber,int * points)

函数功能：用当前绘图色、线型及线宽，画一个给定若干点所定义的多边形。

返回值：无返回值。

- void getaspectratio(int xasp,int yasp)

函数功能：返回 x 方向和 y 方向的比例系数，用这两个整型值可计算某一特定屏显的纵横比。

返回值：返回 x 与 y 方向比例系数分别存放在 xasp 和 yasp 所指向的变量中。

- void circle(int x,int y,int radius)

函数功能：使用当前绘图色并以实线画一个完整的圆。

返回值：无返回值。

- void arc(int x,int y,int startangle,int endangle,int radius)

函数功能：使用当前绘图色并以实线画一圆弧。

返回值：无返回值

《C 程序设计基础》

实验报告

教学班级：_____　学号：_____　姓名：_____

课程教师：_____　实验辅导教师：_____

重庆理工大学计算机学院

2015 年 10 月

循环结构程序设计

教学班级：_____ 学号：_____ 姓名：_____

实验日期：_____ 地点：_____ 成绩：_____

一、实验目的

1. 了解 C 语言循环结构的使用范围。

2. 学会正确使用逻辑运算符和逻辑表达式。

3. 熟练掌握 C 语言的 3 种循环结构：while 语句、do…while 语句、for 语句的特点和使用方法。

4. 能够编写一些有实际应用意义的循环结构程序。

二、实验内容

三、实验结果（用截图说明）

四、调试心得（选作）

重慶理工大學

课程设计报告

（C 语言程序设计）

题目　　　　学生成绩管理系统　　　

　　　　　　　的设计与实现　　　　

二级学院　　　　　　　　　　　　　

专　　业　　　　　　　　　　　　　

班　　级　　　　　　　　　　　　　

学生姓名　　　　　　　　学号　　　　

指导教师　　　　　　　　　　　　　

时　　间

F.1 需求分析

F.1.1 课程设计题目

编制一个成绩信息管理系统。每个学生信息包括学号、姓名、C语言成绩、高数成绩、英语成绩等。系统能实现以下功能。

(1) 系统以菜单方式工作：要求界面清晰、友好、美观、易用。

(2) 成绩信息导入功能：要求可从磁盘文件导入学生成绩的信息。

(3) 信息浏览功能：能输出所有成绩的信息；要求输出格式清晰、美观。

(4) 查询功能：可按学号或姓名查找某一学生的成绩信息，并将查询结果输出。

(5) 统计功能：按分数段显示学生信息，可将分数段分为60分以下、60～79分、80～89分、90分以上。

(6) 信息删除：要求能够删除某一指定学生的信息，并在删除后将学生信息存盘。

(7) 信息修改：要求能够修改某一指定学生的信息，并在修改后将学生信息存盘。

F.1.2 系统功能要求

本学生成绩管理系统采用 Visual C++ 6.0 作为开发环境，主要功能是对学生成绩信息进行录入、删除、查找、修改、显示输出等。本系统给用户提供一个简易的操作界面，以便根据提示输入操作项，调用相应函数来完成系统提供的各项管理功能。主要功能描述如下。

(1) 人机操控平台。用户通过选择不同选项来操作系统，包括退出系统、增加学生信息、删除学生信息、查找学生信息、修改学生成绩信息、输出学生成绩信息及查看系统开发作者信息等。

(2) 增加学生信息。用户根据提示输入学生的学号、姓名、性别、C语言成绩、高数成绩、英语成绩等信息。本系统一次录入一个学生信息，当需要录入多个学生信息时，可采用多次添加方式。

(3) 删除学生信息。根据系统提示，用户输入要删除学生的学号，系统根据用户的输入进行查找，若没有查找到相关记录，则提示"此学生不存在"；否则，系统将直接删除该学生的全部信息。

(4) 查找学生信息。本系统提供两种查找学生的方式，即按学号查找和按姓名查找。用户根据系统提示选择相应的查找方式，若选择按学号查找，则需要输入相应学生的学号以完成信息查找；若选择按姓名查找，则需要输入相应学生的姓名以完成信息查找。系统中若存在待查找的学生，则输出该学生的信息，否则提示"此学生不存在"。

(5) 修改学生成绩信息。根据系统提示，用户输入待修改学生的学号，若没有查到相关记录，则提示"此学生不存在"；否则显示出该学生的所有信息以及需要修改的项目列表，用户根据需要修改项进行选择并修改其相关信息。

(6) 输出学生成绩信息。若系统中存在学生记录，则逐一输出所有学生信息；否则输出无学生记录提示信息。

F.2 系统设计

F.2.1 模块设计

本学生成绩管理系统功能模块图如图 F.1 所示,共包括 7 个模块:退出系统、增加学生、删除学生、查找学生、修改学生信息、输出学生信息及关于作者。为了提高程序设计效率,本系统仍采用单链表实现所有操作。

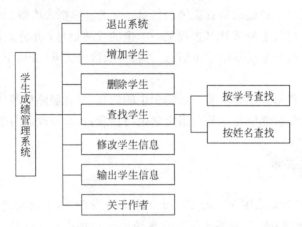

图 F.1 学生成绩管理系统模块图

(1) 退出系统。首先将单链表中所有学生信息保存至磁盘文件中,然后释放所有内存空间,退出系统。

(2) 增加学生。调用输入函数 AddStu()将用户输入的学生信息存入单链表中,以实现增加学生的操作。

(3) 删除学生。用户根据系统提示输入要删除的学生学号,然后系统判断该学生记录是否存在,若不存在则给出提示信息,否则将此学生从单链表中删除,删除学生的操作由函数 DeleteStu()来实现。

(4) 查找学生。提示用户选择查找方式:按学号查找和按姓名查找。当选用按学号查找时,提示用户输入学号,若该学生不存在则给出提示信息,否则完成按学号查找功能;当选用按姓名查找时,提示用户输入姓名,若该学生不存在则给出提示信息,否则完成按姓名查找功能。查找学生的整个操作由函数 SearchStu()来实现,按学号查找功能由函数 SearchStuID()来实现,按姓名查找功能由函数 SearchStuName()来实现。

(5) 修改学生信息。提示用户输入学号,并查找此学生信息,若查找不成功则给出提示信息,否则显示出该学生的所有信息以及需要修改的项目列表,用户根据需要修改项进行选择并修改其相关信息。修改联系人操作由函数 UpdateStu()来实现。

(6) 输出学生信息。若系统中无学生记录,则给出提示信息,否则输出所有学生信息。输出学生操作由函数 OutputStu()来实现。

（7）关于作者。此模块用于提供系统开发者相关信息，以便读者与作者进一步交流。

F.2.2 程序操作流程

本系统的操作应从人机交互界面的菜单选择开始，用户应输入 0～6 之间的数选择要进行的操作，输入其他符号系统将提示输入错误的提示信息。若用户输入"0"，则调用函数Exit()退出系统；若用户输入"1"，则调用函数 AddStu()进行学生信息输入操作；若用户输入"2"，则调用函数 DeleteStu()进行学生删除操作；若用户输入"3"，则调用函数 SearchStu()进行学生查找操作；若用户输入"4"，则调用函数 UpdateStu()进行学生修改操作；若用户输入"5"，则调用函数 OutputStu()进行所有学生信息输出操作；若用户输入"6"，则调用函数About()输出作者信息。本学生成绩管理系统的操作流程如图 F.2 所示。

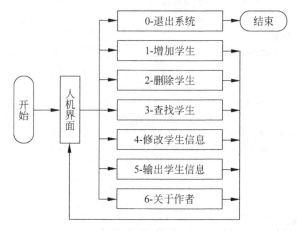

图 F.2　学生成绩管理系统操作流程图

F.3　系统实现

本程序主要由 3 个文件构成：score.txt、main.c 和 StudentScore.h。文件 score.txt 用于存储学生信息；文件 main.c 主要包括主函数等信息；文件 StudentScore.h 包括文件包含、宏定义、结构体定义、函数声明、函数定义等信息。

F.3.1　文件 score.txt

score.txt 文件与源程序位于同一目录下，用于存储学生信息。所存储的学生信息依次为学号、姓名、性别、C 语言成绩、高数成绩和英语成绩。图 F.3 所示为存储学生信息的 score.txt 文件。

图 F.3　存储学生信息的 score.txt 文件

课程设计报告格式

F.3.2 数据定义

```
//学生信息结构体
typedef  struct  _StuScore
{
    char  id  [MAX_ID];              //学号 — 学生唯一标识
    char  name[MAX_NAME];            //姓名 — 最长为 5 个汉字
    char  sex [MAX_SEX];             //性别 — '男'或'女'
    int   CLanguage;                 //C 语言成绩
    int   Mathematics;               //高数成绩
    int   English;                   //英语成绩
    int   Total;                     //总分
}StuScore;
//学生成绩链表结构体
typedef  struct  _StuScoreNode
{
    StuScore data;
    struct  _StuScoreNode   * next;
}StuScoreNode;
typedef  StuScoreNode *   StuScoreList;
```

F.3.3 功能函数

（1）根据其功能模块，系统定义了如下的功能函数：

```
void   ShowMenu();              //人机界面函数
void   AddStu();                //增加学生
void   DeleteStu();             //删除学生
void   SearchStu();             //查找并显示学生信息
void   SearchStuID();           //按学号查找
void   SearchStuName();         //按姓名查找
void   UpdateStu();             //修改学生信息
void   OutputStu();             //输出所有学生信息
void   Exit();                  //退出学生成绩管理系统
void   About();                 //作者信息
```

（2）辅助函数列表：

```
void   ReadFile() ;         //从文件读出学生成绩信息
void   WriteFile();         //将学生成绩信息写入文件
//查找学生在系统中是否已经存在,存在返回 1,不存在返回 0
int  FindStu(char * id);
```

F.3.4　源代码

……

F.4　系统测试与结论

F.4.1　人机界面

运行系统即可进入人机界面,如图 F.4 所示,用户可通过输入数值 0～6 来操作系统,输入其他数值均会输出错误提示。

图 F.4　人机界面

F.4.2　增加学生

在主界面中输入"1"即可增加学生,本系统一次只能输入一个学生信息,输入完成后系统将输出学生添加成功的信息提示,如图 F.5 所示。

F.4.3　删除学生

在主界面中输入"2"即可删除学生,首先由用户输入需要删除学生的学号,若该学生存在,等用户确认后(输入'y'或'Y')则直接删除,如图 F.6 所示;若不存在,则给出提示信息,如图 F.7 所示。

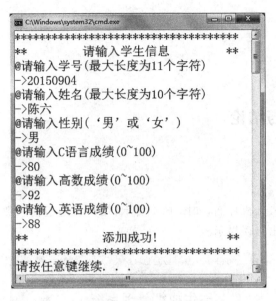

图 F.5　增加学生信息

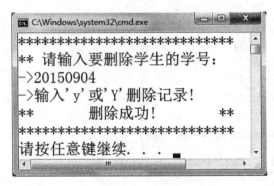

图 F.6　成功删除学生信息

图 F.7　不成功删除学生信息

F.4.4　查找学生

在主界面中输入数字"3"即可查找学生,本系统有两种查找方式:按学号查找和按姓名查找,如图 F.8 所示。输入数字"1",进入学号查找模式;输入数字"2",进入姓名查找模式。若系统中存在待查找学生,则输出该学生信息,否则输出提示信息,如图 F.9 所示为按姓名查找方式输出结果。

F.4.5　修改学生信息

在主界面中输入数字"4"即可修改学生信息,首先由用户输入要修改学生的学号,若该联系人存在,则进入修改界面,如图 F.10 所示;若不存在,则输出提示信息。然后用户选择修改项目,即可完成信息的修改,如图 F.11 所示。

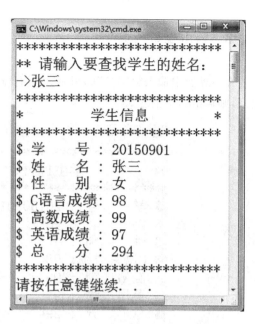

图 F.9 按姓名查找方式输出结果

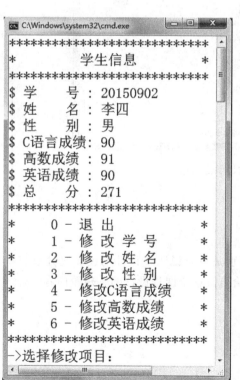

图 F.8 查找方式界面

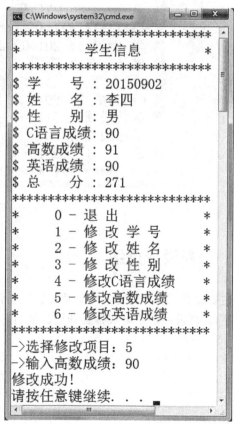

图 F.10 修改学生信息界面

图 F.11 修改高数成绩

253

附
录
F

课程设计报告格式

F.4.6　输出学生信息

在主界面中输入数字"5"即可输出所有学生信息,如图 F.12 所示,若系统中无联系人记录,则输出提示信息。

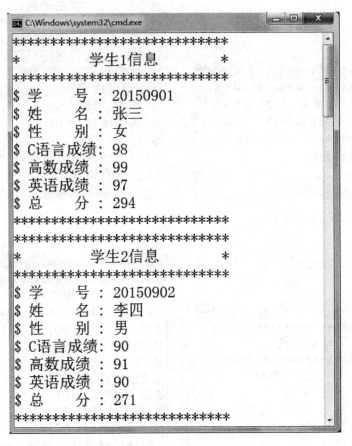

图 F.12　输出学生信息

F.5　课程设计总结

主要说明该设计的特点及其功能扩展,特别是重点说明该设计的创新之处及哪些方面的不足,需要进一步了解或得到帮助。最后,给出做这个课程设计的感想等内容。